国家海洋创新评估系列报告

Guojia Haiyang Chuangxin Pinggu Xilie Baogao

国家海洋创新指数报告

2019

刘大海　何广顺　王春娟　著

科学出版社

北　京

内 容 简 介

本报告以海洋创新数据为基础，构建了国家海洋创新指数，客观分析了我国海洋创新现状与发展趋势，定量评估了国家和区域海洋创新能力，探讨研究了海洋全要素生产率测算方法，并对我国海洋创新能力进行了评价与展望。同时，对比分析了全球海洋创新能力，并开展了国际海洋科技研究态势和我国海洋国家实验室等专题分析。

本报告既适用于海洋领域的专业科技工作者和研究生、大学生，也是海洋管理和决策部门的重要参考资料，并可为全社会认识和了解我国海洋创新发展提供窗口。

图书在版编目(CIP)数据

国家海洋创新指数报告. 2019 / 刘大海，何广顺，王春娟著. —北京：科学出版社，2019.11

（国家海洋创新评估系列报告）

ISBN 978-7-03-062807-7

Ⅰ. ①国… Ⅱ. ①刘… ②何… ③王… Ⅲ. ①海洋经济-技术革新-研究报告-中国-2019 Ⅳ. ①P74

中国版本图书馆 CIP 数据核字(2019)第 237959 号

责任编辑：朱 瑾 郝晨扬 / 责任校对：严 娜
责任印制：吴兆东 / 封面设计：无极书装

科 学 出 版 社 出版
北京东黄城根北街 16 号
邮政编码：100717
http://www.sciencep.com
北京虎彩文化传播有限公司 印刷
科学出版社发行 各地新华书店经销
*
2019 年 11 月第 一 版 开本：889×1194 1/16
2019 年 11 月第一次印刷 印张：8
字数：271 000
定价：150.00 元
（如有印装质量问题，我社负责调换）

《国家海洋创新指数报告 2019》学术委员会

主　　任：李铁刚

委　　员：玄兆辉　　高　峰　　高润生　　潘克厚　　朱迎春
　　　　　李人杰　　徐兴永　　王　骁

顾　　问：丁德文　　金翔龙　　吴立新　　曲探宙　　辛红梅
　　　　　王孝强　　秦浩源　　马德毅　　余兴光　　魏泽勋
　　　　　王宗灵　　雷　波　　张　文　　温　泉　　石学法
　　　　　王保栋　　冯　磊　　王　源

著　　者：刘大海　　何广顺

编 写 组：刘大海　　王春娟　　王玺茜　　王玺媛　　王金平
　　　　　尹希刚　　鲁景亮　　徐　孟　　于　莹　　刘伟峰
　　　　　林香红　　梁琛婧　　张树良　　肖仙桃　　吴秀平
　　　　　刘燕飞　　牛艺博　　管　松　　赵　倩　　王　琦

测 算 组：刘大海　　王春娟　　王玺茜　　王玺媛　　徐　孟

著者单位：自然资源部第一海洋研究所
　　　　　国家海洋信息中心
　　　　　中国科学院兰州文献情报中心
　　　　　青岛海洋科学与技术试点国家实验室

前　言

党的十九大报告指出"创新是引领发展的第一动力"，要"加强国家创新体系建设，强化战略科技力量"。"十三五"时期是我国全面建成小康社会决胜阶段，是实施创新驱动发展战略、建设海洋强国的关键时期。海洋创新是国家创新的重要组成部分，也是实现海洋强国战略的动力源泉。十九大报告同时提出，"实施区域协调发展战略""坚持陆海统筹，加快建设海洋强国""要以'一带一路'建设为重点，坚持引进来和走出去并重""加强创新能力开放合作，形成陆海内外联动、东西双向互济的开放格局"。

为响应国家海洋创新战略、服务国家创新体系建设，国家海洋局第一海洋研究所(现称自然资源部第一海洋研究所)自 2006 年着手开展海洋创新指标的测算工作，并于 2013 年启动国家海洋创新指数的研究工作。在国家海洋局领导和专家学者的帮助、支持下，国家海洋创新指数系列报告自 2015 年以来已经出版了八册，《国家海洋创新指数报告 2019》是该系列报告的第九册。

《国家海洋创新指数报告 2019》基于海洋经济统计、科技统计和科技成果登记等权威数据，从海洋创新资源、海洋知识创造、海洋创新绩效、海洋创新环境 4 个方面构建指标体系，定量测算 2004～2017 年我国海洋创新指数。客观评价了我国国家和区域海洋创新能力，针对全球海洋创新能力进行了分析，研究了海洋全要素生产率测算方法，并对国际海洋科技创新态势和青岛海洋科学与技术试点国家实验室进行了专题分析，切实反映了我国海洋创新的质量和效率。

《国家海洋创新指数报告 2019》由自然资源部第一海洋研究所海岸带科学与海洋发展战略研究中心组织编写。中国科学院兰州文献情报中心参与编写了海洋论文、专利、全球海洋创新能力分析和国际海洋科技创新态势分析等部分，青岛海洋科学与技术试点国家实验室参与编写了海洋国家实验室专题分析部分。国家海洋信息中心、科学技术部战略规划司、教育部科学技术司等单位和部门提供了数据支持。中国科学技术发展战略研究院对评价体系与测算方法给予了技术支持。在此对参与编写和提供数据与技术支持的单位及个人，一并表示感谢。

希望国家海洋创新评估系列报告能够成为全社会认识和了解我国海洋创新发展的窗口。本报告是国家海洋创新指数研究的阶段性成果，敬请各位同仁批评指正，编写组会汲取各方面专家学者的宝贵意见，不断完善国家海洋创新评估系列报告。

刘大海　何广顺

2019 年 8 月

目　录

第一章 从数据看我国海洋创新

在海洋强国和"一带一路"倡议背景下，我国海洋创新发展不断取得新成就，部分领域达到国际先进水平，海洋创新环境条件明显改善，海洋创新硕果累累。

海洋创新人力资源结构持续优化。科学研究与试验发展（research and development，R&D）人员总量、折合全时工作量稳步上升，R&D人员学历结构不断优化。

海洋创新经费规模显著提升。海洋科研机构的R&D经费规模稳中有升，R&D经费内部支出构成按分类体系变化不一。海洋科研机构的固定资产和科学仪器设备原价逐年递增。

海洋创新产出成果持续增长。海洋科研机构的海洋科技论文总量保持增长，海洋科技著作出版种类增长显著，专利申请量、授权量涨势强劲。

高等学校海洋创新稳步提升。涉海高等学校的人力资源结构稳定，海洋创新投入逐渐增加，海洋创新产出稳步提升，科研机构优化发展。

海洋科技对海洋经济发展贡献趋于高位稳定态势。2017年海洋科技进步贡献率达到63.5%[①]，海洋科技成果转化率稳定在50.0%[②]，海洋科技创新促进成果转化的作用日益彰显。

---

① 2017年海洋科技进步贡献率根据2006~2016年相关数据预测所得
② 2017年海洋科技成果转化率根据2000~2017年相关数据测算所得

第一节　海洋创新人力资源结构持续优化

海洋创新人力资源是建设海洋强国和创新型国家的主导力量与战略资源，海洋创新科研人员的综合素质决定了国家海洋创新能力提升的速度和幅度。海洋 R&D 人员是重要的海洋创新人力资源，突出反映了一个国家海洋创新人才资源的储备状况。R&D 人员是指海洋科研机构本单位人员、外聘研究人员，以及在读研究生中参加 R&D 课题的人员、R&D 课题管理人员、为 R&D 活动提供直接服务的人员。

一、R&D 人员总量、折合全时工作量稳步上升

2002～2017 年，我国海洋科研机构的 R&D 人员总量和折合全时工作量总体呈现稳步上升态势（图 1-1）。2002～2006 年，R&D 人员总量和折合全时工作量增长相对较缓；2006～2007 年，二者均涨势迅猛，增长率分别为 119.1% 和 88.16%；2007～2014 年，二者保持稳步增长；2014～2015 年，R&D 人员总量略有下降；2015～2016 年，二者再次出现明显增长，增长率分别为 13.68% 和 6.55%；2017 年 R&D 人员总量略有下降，折合全时工作量略有上升。

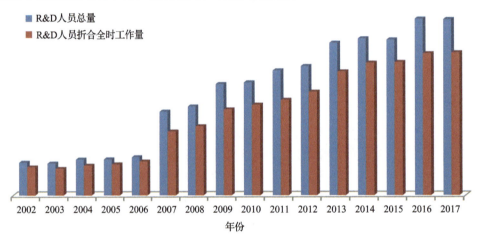

图 1-1　2002～2017 年海洋科研机构 R&D 人员总量（人）、折合全时工作量（人·年）趋势

二、R&D 人员学历结构逐步优化

2011～2017 年，我国海洋科研机构 R&D 人员中博士毕业生数量保持增长，占比呈波动上升趋势，硕士毕业生数量整体呈现增长态势。2017 年博士和硕士毕业生分别占 R&D 人员总量的 33.98% 和 33.96%（图 1-2）。其中，博士毕业生占比 2017 年最高，比 2011 年增长 6.16 个百分点；硕士毕业生占比近 7 年呈波动增长态势，2017 年比 2011 年增长 7.06 个百分点。

第二节　海洋创新经费规模显著提升

R&D 活动是创新活动的核心组成部分，不仅是知识创造和自主创新能力的源泉，也是全球化环境下吸纳新知识和新技术能力的基础，更是反映科技与经济协调发展和衡量经济增长质量的重要指标。海洋科研机构的 R&D 经费是重要的海洋创新经费，能够有效地反映国家海洋创新活动规模，客观评价国家海洋科技实力和创新能力。

图 1-2 2011～2017 年海洋科研机构 R&D 人员学历结构

一、R&D 经费规模稳中有升

2002～2017 年，我国海洋科研机构的 R&D 经费支出总体保持增长态势(图 1-3)，年均增长率达 22.80%。2007 年是该指标迅猛增长的一年，年增长率达 145.18%。R&D 经费支出中以 R&D 经费内部支出为主，除 2003 年占比为 94.87%外，其他年份均大于 95.00%，其中，2017 年为 96.53%。

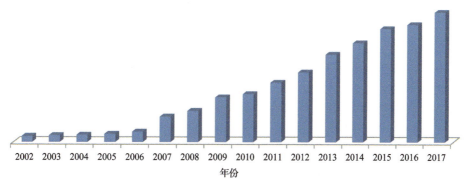

图 1-3 2002～2017 年 R&D 经费支出(千元)趋势

R&D 经费占全国海洋生产总值比例通常作为国家海洋科研经费投入强度指标，反映国家海洋创新资金投入强度。2002～2017 年，该指标整体呈现增长态势，年均增长率为 7.98%；2017 年与 2016 年基本持平(图 1-4)。

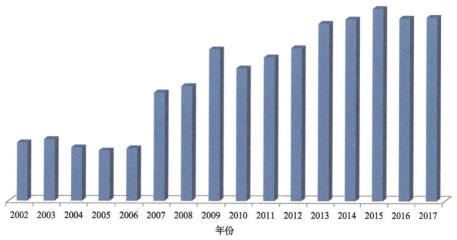

图 1-4 2002～2017 年 R&D 经费占全国海洋生产总值比例趋势

二、R&D 经费构成变化不一

R&D 经费内部支出是指当年为进行 R&D 活动而实际用于机构内的全部支出，包括 R&D 经常费支出和 R&D 基本建设费。2002～2017 年，R&D 基本建设费在 R&D 经费内部支出中的比例波动上升（图 1-5），占比从 2002 年的 8.71% 上升到 2017 年的 29.15%，体现出我国对基本建设（以下简称"基建"）投资重视程度的提高。

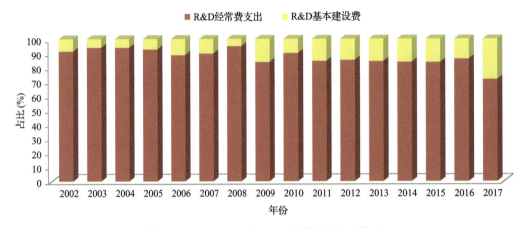

图 1-5　2002～2017 年 R&D 经费内部支出构成

从活动类型来看，2002～2017 年，R&D 经常费支出中用于基础研究的经费占比总体上呈波动上升趋势；用于应用研究的经费占比从 2002 年的 48.73% 下降至 2017 年的 39.81%；用于试验发展的经费占比从 2002 年的 33.05% 波动下降至 2017 年的 24.77%（图 1-6）。基础研究是构建科学知识体系的关键环节，加强基础研究是提升源头创新能力的重要环节。我国的基础研究正处于从量的积累向质的飞跃、从点的突破向系统能力提升的重要时期，海洋领域的基础研究与现阶段我国科技发展趋势相一致，基本投入和结构组成逐渐科学化、合理化。

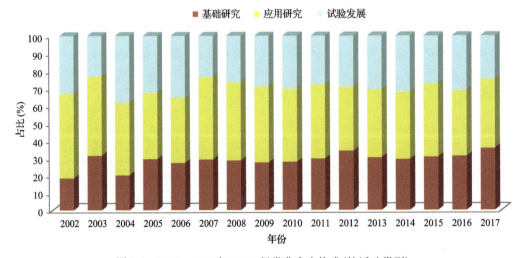

图 1-6　2002～2017 年 R&D 经常费支出构成（按活动类型）

从经费来源来看，R&D 经费主要来源是政府资金、企业和事业单位资金，企业资金总量不断提升。2002～2015 年政府资金占比波动上升，2015～2017 年略有下降（图 1-7）。2017 年，政府资金、企业资金和事业单位资金占比分别为 81.61%、7.66% 和 8.94%（图 1-7）。

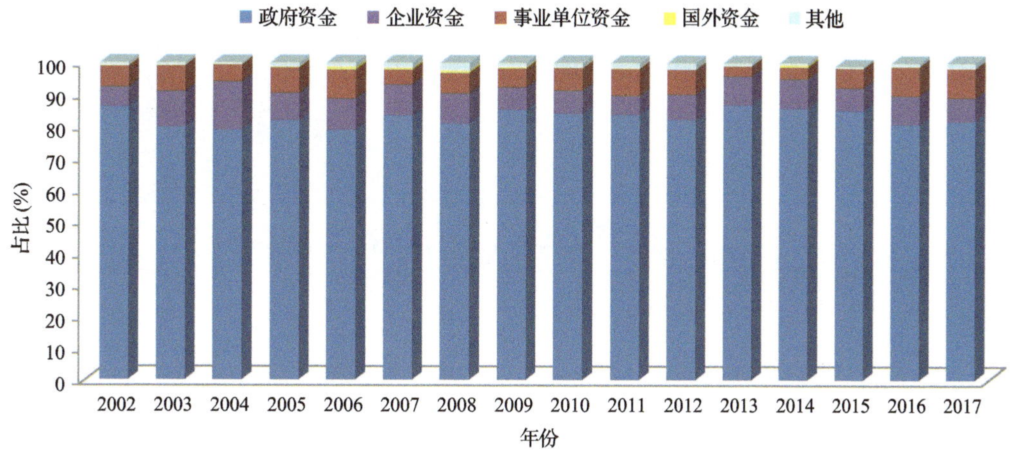

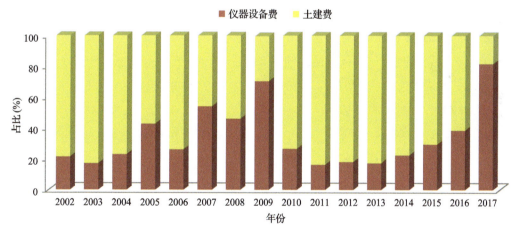

图 1-7　2002～2017 年 R&D 经费内部支出构成（按经费来源）

2002～2017 年，R&D 基本建设费构成波动较大，除 2007 年、2009 年和 2017 年土建费占比小于仪器设备费占比外，其他年份均超过仪器设备费占比（图 1-8）。2017 年仪器设备费占比最高，为 81.74%。

图 1-8　2002～2017 年 R&D 基本建设费构成（按费用类别）

三、固定资产和科学仪器设备原价逐年递增

固定资产是指能在较长时间内使用，消耗其价值但能保持原有实物形态的设施和设备，如房屋和建筑物等。作为固定资产应同时具备两个条件，即耐用年限在一年以上，单位价值在规定标准以上的财产、物资。2002～2017 年，我国海洋科研机构的固定资产原价持续增长（图 1-9），年均增长率为 22.23%。固定资产原价中的科学仪器设备是指从事科技活动的人员直接使用的科研仪器设备，不包括与基建配套的各种动力设备、机械设备、辅助设备，也不包括一般运输工具（用于科学考察的交通运输工具除外）和专用于生产的仪器设备。2002～2017 年，我国海洋科研机构固定资产原价中的科学仪器设备部分同样保持增长态势（图 1-9），年均增长率为 24.88%。

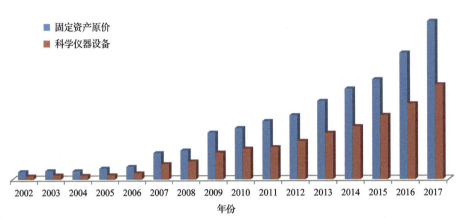

图 1-9　2002～2017 年海洋科研机构固定资产原价(千元)和固定资产中的科学仪器设备原价(千元)变化趋势

第三节　海洋创新产出成果持续增长

知识创新是国家竞争力的核心要素。创新产出是指科学研究与技术创新活动所产生的各种形式的成果，是科技创新水平和能力的重要体现。论文、著作的数量和质量能够反映海洋科技的原始创新能力，专利申请量和授权量等则更加直接地反映海洋创新活动程度和技术创新水平。较高的海洋知识扩散与应用能力是创新型海洋强国的共同特征之一。

一、海洋科技论文总量保持增长

海洋科技论文总量保持稳定增长态势。2002～2017 年，我国海洋领域科技论文总量整体呈增长趋势(图 1-10)，2017 年论文发表数量约为 2002 年的 6 倍，年均增长率为 12.69%。

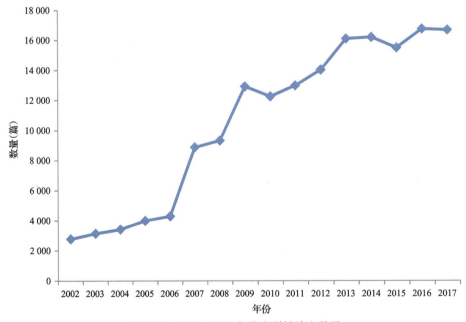

图 1-10　2002～2017 年发表科技论文数量

二、海洋科技著作出版种类增长显著

2002～2017 年，我国海洋科研机构的海洋科技著作出版种类总体呈现增长态势(图 1-11)，年均

增长率为 13.46%。其中，2008～2009 年海洋科技著作出版种类快速增长，增长率为 64.47%；2010～2017 年海洋科技著作出版种类年均增长率为 10.03%。

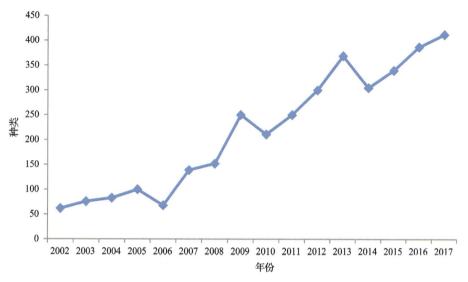

图 1-11　2002～2017 年我国海洋科技著作出版种类趋势

三、海洋领域专利申请量、授权量涨势强劲

2002～2017 年，我国海洋领域专利申请受理数量总体呈增长趋势，年均增长率为 26.44%。其中 2012～2015 年显著增长，2013 年以来专利年申请数量维持在 3500 件以上，2016 年专利申请受理数量有所下降，2017 年有所回升，如图 1-12 所示。2002～2017 年，我国专利授权数量变化趋势与专利受理数量基本相似，整体呈增长趋势。

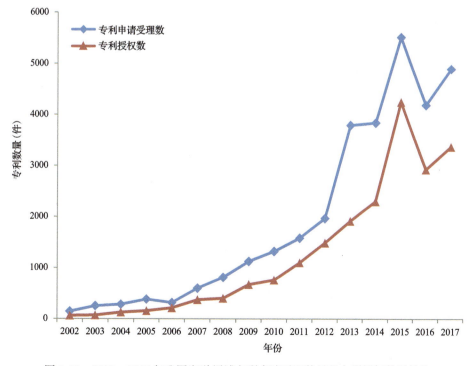

图 1-12　2002～2017 年我国海洋领域专利申请受理数量和专利授权数量趋势

我国海洋领域专利类型中，发明专利占比大部分超过 50%（图 1-13），说明目前我国海洋专利技术研发居多，创新潜力较大。

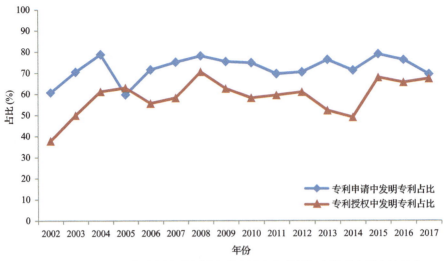

图 1-13　2002～2017 年我国海洋领域专利申请和专利授权中发明专利占比趋势

第四节　高等学校海洋创新稳步提升

高等学校对国家创新发展具有举足轻重的作用。近年来，我国高等学校的海洋创新资源投入和海洋创新成果产出逐渐增加，海洋创新发展态势良好。需要说明的是，本部分数据的提取以涉海高等学校和涉海学科为依据，按照其涉海比例系数加权求和所得（涉海高等学校及其涉海比例系数和涉海学科及其涉海比例系数分别见附录八和附录九）。

一、高等学校海洋创新人力资源结构稳定

高等学校教学与科研人员是指高等学校在册职工在统计年度内，从事大专以上教学、研究与发展、研究与发展成果应用及科技服务工作的人员，以及直接为上述工作服务的人员，包括统计年度内从事科研活动累计工作时间一个月以上的外籍及高等教育系统以外的专家和访问学者。2009～2017 年我国涉海高等学校教学与科研人员数量总体呈上升趋势，2015～2016 年有所下降，但总体波动程度不大。其中，科学家与工程师及其高级职称人员数量总体呈增长态势（图 1-14），科学家与工

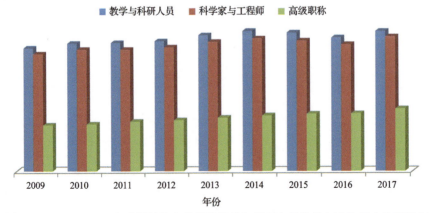

图 1-14　2009～2017 年我国涉海高等学校教学与科研人员数量（人）和其中的科学家
与工程师、高级职称人员数量（人）趋势

程师占教学与科研人员的比例略有波动；高级职称人员占教学与科研人员的比例由 2009 年的 37.50% 上升至 2017 年的 44.60%。

　　高等学校研究与发展人员是指统计年度内，从事研究与发展工作时间占本人教学、科研总时间 10%以上的教学与科研人员。2009～2017 年我国涉海高等学校研究与发展人员数量基本稳定 （图 1-15）。其中，科学家与工程师、高级职称人员数量总体呈增长态势，科学家与工程师、高级职 称人员占研究与发展人员的比例略有波动，2017 年均达到最高值，分别为 97.16%和 78.24%。

图 1-15　2009～2017 年我国涉海高等学校研究与发展人员数量(人)和其中的科学家
与工程师、高级职称人员数量(人)趋势

二、高等学校海洋创新投入逐渐增加

　　2009～2017 年，我国涉海高等学校科技经费投入总体增加，年均增长率达 11.51%；政府资金投 入呈增长态势，年均增长率达 12.60%；我国涉海高等学校的内部支出大幅增长（图 1-16），2017 年是 2009 年内部支出的 78.97 倍。

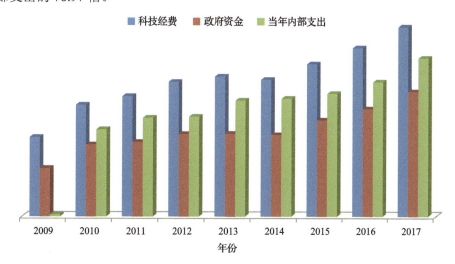

图 1-16　2009～2017 年我国涉海高等学校科技经费投入与支出(千元)趋势

　　2009～2017 年我国涉海高等学校科技课题总数逐渐增加，年均增长率为 5.83%；科技课题当年 投入人数总体呈上升趋势（图 1-17），年均增长率为 1.32%。2009～2017 年我国涉海高等学校科技课 题当年拨入经费和当年支出经费总体呈现增长趋势（图 1-18），当年拨入经费年均增长率达 10.29%， 当年支出经费年均增长率达 10.92%。

图 1-17　2009～2017 年我国涉海高等学校科技课题总数(项)和当年投入人数(人)趋势

图 1-18　2009～2017 年我国涉海高等学校科技课题当年拨入经费(千元)和当年支出经费(千元)趋势

三、高等学校海洋创新产出稳步提升

2009～2017 年，我国涉海高等学校科技成果中发表的学术论文篇数总体呈现增长趋势，年均增长率为 4.81%。其中,国外学术刊物发表的学术论文篇数增长更为明显,年均增长率为 12.00% (图 1-19)。技术转让签订的合同数目在 2016～2017 年的增长最为迅猛,年增长率达 324.75% (图 1-20),2009～2017 年均增长率为 35.65%。

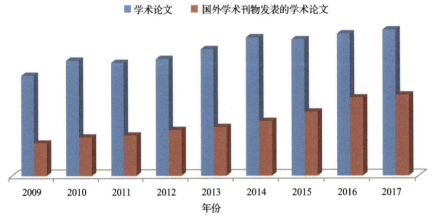

图 1-19　2009～2017 年我国涉海高等学校科技成果中发表学术论文数量(篇)趋势

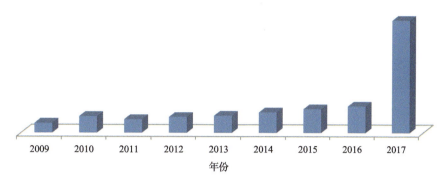

图 1-20 2009~2017 年我国涉海高等学校技术转让签订合同数目(项)趋势

四、高等学校海洋科研机构优化发展

2012~2017 年我国高等学校涉海科研机构中的从业人员数量逐步增加(图 1-21)。其中,博士毕业和硕士毕业人员数量也呈增长态势;同时,2012~2017 年,博士毕业人员占比由 51.76%上升到 59.77%,硕士毕业人员占比在波动中下降,2017 年硕士毕业人员占比为 26.51%(图 1-22)。

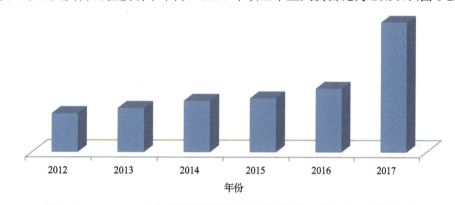

图 1-21 2012~2017 年我国高等学校涉海科研机构中的从业人员数量(人)

图 1-22 2012~2017 年我国高等学校涉海科研机构中的从业人员学历结构

2012~2017 年我国高等学校涉海科研机构中的科技活动人员数量总体呈增长趋势(图 1-23)。其中,高级职称人员占比由 60.00%增长至 61.63%,中级职称人员占比由 28.46%上升到 30.08%,初级职称人员占比由 7.76%下降至 5.51%(图 1-24)。

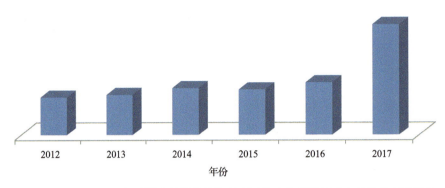

图 1-23　2012～2017 年我国高等学校涉海科研机构中的科技活动人员数量(人)趋势

图 1-24　2012～2017 年我国高等学校涉海科研机构中的科技活动人员职称结构

2012～2017 年我国高等学校涉海科研机构的科技经费支出不断增加(图 1-25),2017 年当年经费内部支出是 2012 年的 2.69 倍,其中 R&D 经费支出 2017 年是 2012 年的 3.24 倍。

图 1-25　2012～2017 年我国高等学校涉海科研机构经费支出(千元)趋势

2012～2017 年我国高等学校涉海科研机构承担项目总数逐渐增加(图 1-26),2017 年我国高校涉海科研机构承担项目总数是 2012 年的 2.07 倍。

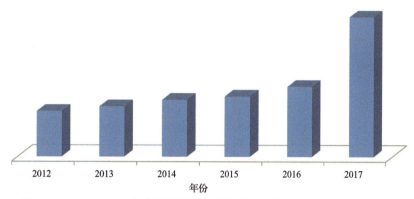

图 1-26 2012～2017 年我国高等学校涉海科研机构承担项目数量(项)趋势

2012～2017 年,我国高等学校涉海科研机构的固定资产原值保持增加(图 1-27),其中,2016～2017 年增长迅速,增长率达 113.78%。

图 1-27 2012～2017 年我国高等学校涉海科研机构的固定资产原值(千元)和其中的
仪器设备原值(千元)、进口仪器设备原值(千元)趋势

第五节 海洋科技对经济发展贡献趋于高位稳定态势

近年来,海洋创新工作扎实推进,取得了阶段性成果,全面推动了海洋事业发展进程。海洋科技服务海洋经济社会发展的能力不断增强,科技创新促进成果转化的作用日益彰显。

海洋科技进步贡献率平稳增长。海洋科技进步贡献率是指海洋科技进步对海洋经济增长的贡献份额,它是度量海洋科技进步贡献大小的重要指标,也是衡量海洋科技竞争实力和海洋科技转化为现实生产力水平的综合性指标。《"十三五"国家科技创新规划》在发展目标中明确提出"科技创新作为经济工作的重要方面,在促进经济平衡性、包容性和可持续性发展中的作用更加突出,科技进步贡献率达到 60%"。根据历年《中国海洋统计年鉴》数据,基于加权改进的索洛余值法(测算过程见附录五),测算我国"十一五"期间(2006～2010 年)、"十二五"期间(2011～2015 年),以及"十一五"以来直至 2016 年(2006～2016 年)的海洋科技进步贡献率(表 1-1)。

表 1-1 我国海洋科技进步贡献率(%)

年份	产出增长率	资本增长率	劳动增长率	海洋科技进步贡献率
2006～2010	12.86	10.10	4.05	54.4
2011～2015	10.97	6.74	2.72	64.2
2006～2016	10.53	6.00	2.56	65.9

从表 1-1 可以看出,"十一五"期间我国海洋科技进步贡献率为 54.4%,2011～2015 年为 64.2%,2006～2016 年提高到 65.9%。2006～2016 年我国海洋生产总值的年均增长率为 12.67%,其中有 65.9% 来自海洋科技进步的贡献,高于《全国科技兴海规划纲要(2016～2020 年)》提出的目标,2016 年作为国家"十三五"规划的开局之年,为"十三五"期间海洋创新发展开创了新局面。

海洋科技成果转化能力发展良好。海洋科技成果转化率是指进行自我转化或转化生产,处于投入应用或生产状态,并达到成熟应用的海洋科技成果占全部海洋科技应用成果的百分率。海洋科技成果能否迅速且有效地转化为现实生产力,是一个国家海洋事业是否发展和腾飞的关键。加快海洋科技成果向现实生产力转化,促进新产品、新技术的更新换代和推广应用,是海洋科技工作的中心环节,也是促进海洋经济发展由粗放型向集约型转变的关键。《全国海洋经济发展"十三五"规划》提出 2020 年海洋科技成果转化率达 55% 以上。根据科学技术部海洋科技成果统计和海洋科技成果登记数据,2000～2017 年海洋科技成果转化率达 50.0%(测算过程见附录六),海洋科技成果转化能力仍有较大提升空间。

第二章　国家海洋创新指数评价

国家海洋创新指数是一个综合指数，由海洋创新资源、海洋知识创造、海洋创新绩效和海洋创新环境 4 个分指数构成。考虑海洋创新活动的全面性和代表性，以及基础数据的可获取性，本报告选取 20 个指标(指标体系见附录一)，反映海洋创新的质量、效率和能力。

国家海洋创新指数稳步上升，海洋创新能力稳步提高。设定 2004 年我国的国家海洋创新指数基数值为 100，则 2017 年国家海洋创新指数为 255，2004～2017 年国家海洋创新指数的年均增长率为 7.48%，"十二五"期间年均增长率为 6.63%，保持平稳发展态势。

海洋创新资源分指数总体呈上升趋势，2004～2017 年年均增长率为 7.61%。其中，"研究与发展经费投入强度"与"研究与发展人力投入强度"两个指标的年均增长率分别为 10.00% 与 10.16%，是拉动海洋创新资源分指数上升的主要力量。

海洋知识创造分指数增长强劲，年均增长率达 10.51%。"本年出版科技著作"和"万名 R&D 人员的发明专利授权数"两个指标增长较快，年均增长率分别达 13.12% 和 14.55%，高于其他指标值，成为推动海洋知识创造的主导力量。

海洋创新绩效分指数在 4 个分指数中增长较慢，年均增长率仅为 4.87%。"海洋劳动生产率"在创新绩效分指数的 6 个指标中增长较为稳定，年均增长率为 10.80%，对海洋创新绩效的增长起着积极的推动作用。

海洋创新环境分指数呈稳定上升趋势，年均增长率为 5.88%，这得益于"沿海地区人均海洋生产总值"指标的迅速增长。

第一节 海洋创新指数综合评价

一、国家海洋创新指数稳步上升

将 2004 年我国的国家海洋创新指数定为基数 100,则 2017 年国家海洋创新指数为 255(图 2-1),2004~2017 年,年均增长率为 7.48%。

2004~2017 年国家海洋创新指数总体呈上升趋势,增长率出现不同程度的波动,"十一五"期间,国家海洋创新指数由 2006 年的 110 增长为 2010 年的 168,年均增长率达 11.31%,在此期间国家对海洋创新投入逐渐加大,效果开始显现;越来越多的科研机构从事海洋研究,其中最为突出的是 2006~2007 年,增长率达到峰值,为 27.52%。"十二五"期间,国家海洋创新指数由 2011 年的 178 增长为 2015 年的 231,年均增长率达到 6.63%。2016~2017 年国家海洋创新指数由 240 上升为 255,增长率为 6.25%。

图 2-1 国家海洋创新指数历年变化及增长率

二、国家海洋创新指数与 4 个分指数关系密切

4 个分指数对国家海洋创新指数的影响各不相同,呈现不同程度的上升态势(表 2-1,图 2-2)。海洋创新资源分指数与国家海洋创新指数得分最为接近,变化趋势也较为相似;海洋知识创造分指数得分总体上高于国家海洋创新指数,说明海洋知识创造分指数对国家海洋创新指数增长有较大的正贡献;海洋创新绩效分指数基本呈现平稳缓慢的线性增长,年增长率出现小范围波动。海洋创新环境分指数自 2007 年得分低于国家海洋创新指数,但其年度变化趋势与国家海洋创新指数比较接近。

2004~2017 年,我国海洋创新资源分指数年均增长率为 7.61%,2007 年增长率最高,为 53.90%,2009 年次之,为 14.30%,增长率超过 5% 的年份有 2008、2012 和 2013 年,其余年份均小于 5%(表 2-2),体现了我国海洋创新资源投入不断增加,但投入增量有所波动。

表 2-1 国家海洋创新指数和各分指数变化

年份	综合指数	分指数			
	国家海洋 创新指数 A	海洋创 新资源 B_1	海洋知 识创造 B_2	海洋创 新绩效 B_3	海洋创新环境 B_4
2004	100	100	100	100	100
2005	106	102	111	103	106
2006	110	105	109	112	113
2007	140	162	152	115	130
2008	148	172	164	125	132
2009	167	197	197	127	146
2010	168	199	195	136	144
2011	178	208	214	146	146
2012	196	221	251	153	158
2013	215	236	306	157	162
2014	216	239	288	164	174
2015	231	246	327	169	181
2016	240	252	344	178	188
2017	255	259	367	186	210

图 2-2 2004～2017 年国家海洋创新指数及其分指数得分变化趋势

2004～2017 年，海洋知识创造分指数对我国海洋创新能力大幅提升的贡献较大，年均增长率达 10.51%（图 2-3）。表明我国海洋科研能力迅速增强，海洋知识创造及其转化运用为海洋创新活动提供了强有力的支撑。海洋知识创造能力的提高为增强国家原始创新能力、提高自主创新水平提供了重要支撑。

表 2-2　国家海洋创新指数和分指数增长率（%）

年份	综合指数	分指数			
	国家海洋 创新指数 A	海洋创新 资源 B_1	海洋知识 创造 B_2	海洋创新 绩效 B_3	海洋创新 环境 B_4
2004	—	—	—	—	—
2005	5.61	2.18	11.48	3.22	5.58
2006	3.87	3.04	−1.99	8.05	6.79
2007	27.52	53.90	39.36	3.49	15.17
2008	5.93	6.41	7.49	8.45	1.28
2009	12.59	14.30	20.32	1.71	11.08
2010	0.94	0.90	−1.07	6.70	−1.30
2011	5.93	4.65	9.91	7.20	1.10
2012	9.82	6.18	17.36	5.04	8.69
2013	9.91	6.92	21.94	2.60	2.08
2014	0.28	1.05	−6.09	4.20	7.40
2015	6.79	2.94	13.65	3.37	3.92
2016	4.27	2.47	5.14	5.50	3.98
2017	6.25	3.03	6.63	4.03	12.01
年均增长率	7.48	7.61	10.51	4.87	5.88

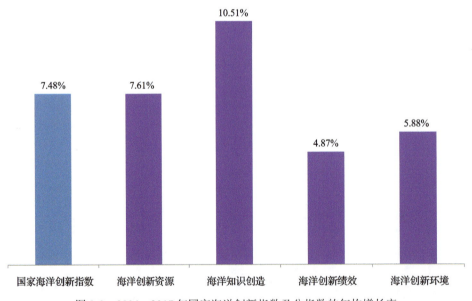

图 2-3　2004～2017 年国家海洋创新指数及分指数的年均增长率

促进海洋经济发展是海洋创新活动的重要目标，是进行海洋创新能力评价不可或缺的组成部分。从近年来的变化趋势来看，我国海洋创新绩效稳步提升。2004～2017 年，我国海洋创新绩效分指数年均增长率达 4.87%，各年均呈现正增长态势，增长率最高值出现在 2008 年，为 8.45%（表 2-2）。

海洋创新环境是海洋创新活动顺利开展的重要保障。我国海洋创新的总体环境极大改善，2004～2017 年海洋创新环境分指数总体呈上升趋势（表 2-1），年均增长率为 5.88%（图 2-3）。

第二节 海洋创新资源分指数评价

海洋创新资源能够反映一个国家对海洋创新活动的投入力度。创新型人才资源的供给能力及创新所依赖的基础设施投入水平，是国家持续开展海洋创新活动的基本保障。海洋创新资源分指数采用如下 5 个指标：①研究与发展经费投入强度；②研究与发展人力投入强度；③R&D 人员中博士人员占比；④科技活动人员占海洋科研机构从业人员的比例；⑤万名科研人员承担的课题数。通过以上指标，从资金投入、人力投入等角度对我国海洋创新资源投入和配置能力进行评价。

一、海洋创新资源分指数涨幅渐弱

2017 年海洋创新资源分指数得分为 259，比 2016 年略有上升，2004~2017 年的年均增长率为 7.61%。从历史变化情况来看，2004~2017 年海洋创新资源分指数一直呈增长趋势，2007 年和 2009 年海洋创新资源分指数的涨幅最为明显，年增长率分别为 53.90% 与 14.30%；2016 年和 2017 年的年增长率分别为 2.47% 和 3.03%（表 2-2）。

二、指标变化各有特点

从海洋创新资源的 5 个指标得分的变化趋势（图 2-4）来看，"研究与发展经费投入强度"和"研究与发展人力投入强度"两个指标整体呈上升趋势，年均增长率分别为 10.00% 和 10.16%，是拉动海洋创新资源分指数整体上升的主要力量；"科技活动人员占海洋科研机构从业人员的比例"指标比较稳定；"万名科研人员承担的课题数"指标保持稳定增长；"R&D 人员中博士人员占比"指标得分自 2006 年增长迅速，自 2012 年开始有所回落，并逐渐保持稳定。

图 2-4　海洋创新资源分指数及其指标得分变化趋势

"R&D 人员中博士人员占比"指标能够反映一个国家海洋科技活动的顶尖人才力量，"科技活动人员占海洋科研机构从业人员的比例"指标能够反映一个国家海洋创新活动科研力量的强度。2004~2017 年，"R&D 人员中博士人员占比"指标呈现先较快上升后略有回落的趋势，年均增长率为 9.01%；"科技活动人员占海洋科研机构从业人员的比例"指标得分增长率基本持平，年均增长率为 2.70%，趋于平稳。

"万名科研人员承担的课题数"指标能够反映海洋科研人员从事海洋创新活动的强度。其变化呈现波动趋势，2004～2017 年的年均增长率为 3.25%，2007 年增长率最高，为 19.63%，2017 年出现负增长。

第三节 海洋知识创造分指数评价

海洋知识创造是创新活动的直接产出，能够反映一个国家海洋领域的科研产出能力和知识传播能力。海洋知识创造分指数选取如下 5 个指标：①亿美元经济产出的发明专利申请数；②万名 R&D 人员的发明专利授权数；③本年出版科技著作；④万名科研人员发表的科技论文数；⑤国外发表的论文数占总论文数的比例。通过以上指标论证我国海洋知识创造的能力和水平，既能反映科技成果产出效应，又综合考虑了发明专利、科技论文、科技著作等各种成果产出。

一、海洋知识创造分指数大幅提升

从海洋知识创造分指数及其增长率来看，我国的海洋知识创造分指数在 2004～2013 年总体呈波动上升趋势，2014 年有所下降，之后直至 2017 年保持稳定增长。从 2004 年的 100 增长至 2013 年的 306，年均增长率达 13.25%；2014～2017 年的年均增长率为 8.41%。

图 2-5 海洋知识创造分指数及其指标得分变化趋势

二、各指标贡献不一

从海洋知识创造 5 个指标的变化趋势来看（图 2-5），"亿美元经济产出的发明专利申请数"指标波动幅度较大，2012～2013 年增长较快，由 183 上升到 352，年增长率为 92.19%。"万名 R&D 人员的发明专利授权数"指标增长迅猛，由 2004 年的 100 增长至 2017 年的 585，年均增长率为 14.55%，其中，2004～2013 年呈波动上升趋势，2014～2015 年迅速增长，由 327 上升到 475，年增长率为 45.23%，2016～2017 年的增长幅度也较大，年增长率为 18.60%。

2004～2017 年，"本年出版科技著作"指标呈现总体增长态势，年均增长率为 13.12%。其中，2006～2007 年与 2008～2009 年是该项指标的快速上升阶段，也是其增长最快的两个阶段，年增长率分别为 104.41% 与 65.56%；2010 年以后，"本年出版科技著作"指标得分波动上升，2014 年略有下降，2017 年得分为 496。

"万名科研人员发表的科技论文数"即平均每万名科研人员发表的科技论文数，反映了科学研究的产出效率。总体来看该指标呈现上升趋势，2017 年稍有波动，2004～2017 年的年均增长率为1.42%。"国外发表的论文数占总论文数的比例"是指一国发表的科技论文中国外发表论文的比例，反映了科技论文的对外普及程度。2004～2017 年，该指标得分增长相对较快，年均增长率为 9.95%。

第四节　海洋创新绩效分指数评价

海洋创新绩效能够反映一个国家开展海洋创新活动所产生的效果和影响。海洋创新绩效分指数选取如下 6 个指标：①海洋科技成果转化率；②海洋科技进步贡献率；③海洋劳动生产率；④科研教育管理服务业占海洋生产总值的比例；⑤单位能耗的海洋经济产出；⑥海洋生产总值占国内生产总值的比例。通过以上指标，反映我国海洋创新活动所带来的效果和影响。

一、海洋创新绩效分指数有序上升

从海洋创新绩效分指数得分情况来看，我国的海洋创新绩效分指数从 2004 年的 100 增长至 2017年的 186，呈现平稳的增长态势，年均增长率为 4.87%。海洋创新绩效分指数在 4 个分指数中增长最为缓慢，2007～2008 年增长率最高，为 8.45%，2016～2017 年的年增长率为 4.03%（表 2-2）。

二、指标变化趋势稳定

"海洋科技成果转化率"是衡量海洋科技转化为现实生产力水平的重要指标。总体来看，2004～2015 年我国海洋科技成果转化率呈现上升趋势，2016 年和 2017 年稍有回落，2004～2017 年的年均增长率为 1.96%（图 2-6）。

图 2-6　海洋创新绩效分指数及其指标得分变化趋势

"海洋劳动生产率"是指海洋科技人员的人均海洋生产总值，反映海洋创新活动对海洋经济产出的作用。2004～2017 年，"海洋劳动生产率"指标迅速增长，年均增长率为 10.80%，是创新绩效分指数 6 个指标中增长最快、最稳定的指标，2016～2017 年的年增长率为 9.04%（图 2-6）。

"科研教育管理服务业占海洋生产总值的比例"指标能够反映海洋科研、教育、管理及服务等活动对海洋经济的贡献程度,该指标 2004~2017 年的年均增长率为 0.59%,表明海洋科研、教育和管理服务等活动对海洋经济的贡献程度呈现相对上升趋势。

"单位能耗的海洋经济产出"指标采用万吨标准煤能源消耗的海洋生产总值,测度海洋创新对减少资源消耗的效果,也反映出一个国家海洋经济增长的集约化水平。2004~2017 年,"单位能耗的海洋经济产出"指标增长迅速,年均增长率为 7.36%,呈现较为稳定的增长态势。

"海洋生产总值占国内生产总值的比例"指标反映海洋经济对国民经济的贡献,用来测度海洋创新对海洋经济的推动作用。该指标变化不明显,增长速度缓慢,2004~2017 年的年均增长率为 0.18%。

第五节 海洋创新环境分指数评价

海洋创新环境包括创新过程中的硬环境和软环境,是提升我国海洋创新能力的重要基础和保障。海洋创新环境分指数反映一个国家海洋创新活动所依赖的外部环境,主要是制度创新和环境创新。海洋创新环境分指数选取如下 4 个指标:①沿海地区人均海洋生产总值;②R&D 经费中设备购置费所占比例;③海洋科研机构科技经费筹集额中政府资金所占比例;④R&D 人员人均折合全时工作量。

一、海洋创新环境明显改善

2004~2017 年,海洋创新环境分指数总体上呈现稳步增长态势(图 2-7),由 2004 年的 100 上升至 2017 年的 210,年均增长率达 5.88%,其中 2007 年的年增长率为 15.17%,达到峰值,其次是 2017 年,年增长率为 12.01%(表 2-2),总体上,海洋创新环境不断改善。

图 2-7 海洋创新环境分指数及其指标得分变化趋势

二、优势指标与劣势指标并存

海洋创新环境分指数的指标中,"沿海地区人均海洋生产总值"保持稳定上升趋势,2004~2017 年的年均增长率为 12.99%。"R&D 人员人均折合全时工作量"指标得分在 100 上下波动,最高为 2006 年的 107,最低为 2007 年和 2010 年的 92,整体上变动较小。

　　相对优势指标为"沿海地区人均海洋生产总值"，对海洋创新环境分指数的正贡献最大。相对劣势指标为"R&D 经费中设备购置费所占比例"、"海洋科研机构科技经费筹集额中政府资金所占比例"和"R&D 人员人均折合全时工作量"。"R&D 经费中设备购置费所占比例"指标得分有一定的波动，总体呈下滑趋势，最高值出现在 2009 年，之后逐渐下降，由 2009 年的 181 下降至 2017 年的147。"海洋科研机构科技经费筹集额中政府资金所占比例"指标得分整体呈现缓慢上升趋势，由 2004 年的 100 上升至 2017 年的 107。

第三章　区域海洋创新指数评价

　　区域海洋创新是国家海洋创新的重要组成部分，深刻影响着国家海洋创新的格局。本章分析区域海洋创新的发展现状和特点，为我国海洋创新格局的优化提供科技支撑和决策依据。

　　《推动共建丝绸之路经济带和21世纪海上丝绸之路的愿景与行动》中提出要"利用长三角、珠三角、海峡西岸、环渤海等经济区开放程度高、经济实力强、辐射带动作用大的优势"。从"一带一路"发展思路和我国沿海区域发展角度分析，我国沿海地区应积极优化海洋经济总体布局，实行优势互补、联合开发，充分发挥环渤海经济区、长江三角洲经济区、海峡西岸经济区、珠江三角洲经济区和环北部湾经济区 5 个经济区[①②]（海洋经济区的界定见附录七）的引领作用，推进形成我国北部、东部和南部三大海洋经济圈[③]（海洋经济圈的界定见附录七）。

　　从我国沿海省（自治区、直辖市）的区域海洋创新指数（区域海洋创新指数评价方法和指标体系说明见附录四）来看，2017 年，我国 11 个沿海省（自治区、直辖市）可分为 4 个梯次：第一梯次为广东；第二梯次包括上海、山东、江苏、天津；第三梯次为辽宁、福建、河北、浙江；第四梯次为海南和广西。

　　从 5 个经济区的区域海洋创新指数来看，2017 年，区域海洋创新能力较强的地区为珠江三角洲经济区、长江三角洲经济区及环渤海经济区，这些地区均有区域创新中心，而且呈现多中心的

----

①　本次评价仅包括我国 11 个沿海省（自治区、直辖市），不涉及香港、澳门和台湾
②　环渤海经济区中纳入评价的沿海省（直辖市）为辽宁、河北、山东、天津；长江三角洲经济区中纳入评价的沿海省（直辖市）为江苏、上海、浙江；海峡西岸经济区中纳入评价的沿海省为福建；珠江三角洲经济区中纳入评价的沿海省为广东；环北部湾经济区中纳入评价的沿海省（自治区）为广西和海南
③　海洋经济圈分区依据是《全国海洋经济发展"十二五"规划》。北部海洋经济圈由辽东半岛、渤海湾和山东半岛沿岸及海域组成，即纳入评价的沿海省（直辖市）包括天津、河北、辽宁和山东；东部海洋经济圈由江苏、上海、浙江沿岸及海域组成，即纳入评价的沿海省（直辖市）包括江苏、浙江和上海；南部海洋经济圈由福建、珠江口及其两翼、北部湾、海南岛沿岸及海域组成，即纳入评价的沿海省（自治区）包括福建、广东、广西和海南

发展格局。

从 3 个海洋经济圈的区域海洋创新指数来看，2017 年，我国海洋经济圈呈现北部、东部强而南部较弱的特点。北部海洋经济圈和东部海洋经济圈的区域海洋创新指数较高，表现出很强的原始创新能力，充分显示出我国海洋人才重要集聚地和海洋经济产业重点发展区域的优势。

第一节 从沿海省(自治区、直辖市)看我国区域海洋创新发展

一、区域海洋创新梯次分明

根据 2017 年区域海洋创新指数得分(表 3-1,图 3-1),可将我国 11 个沿海省(自治区、直辖市)划分为 4 个梯次。

表 3-1 2017 年沿海省(自治区、直辖市)区域海洋创新指数与分指数得分

沿海省(自治区、直辖市)	综合指数	分指数			
	区域海洋创新指数 a	海洋创新资源 b_1	海洋知识创造 b_2	海洋创新绩效 b_3	海洋创新环境 b_4
广东	62.62	64.60	92.31	52.33	41.24
上海	58.85	53.49	39.60	62.09	80.21
山东	56.03	68.65	55.78	37.42	62.26
江苏	54.49	80.90	49.51	40.43	47.13
天津	42.19	49.10	29.07	47.11	43.50
辽宁	39.85	64.59	47.98	14.72	32.11
福建	37.05	50.35	26.31	30.74	40.80
河北	33.32	28.45	37.14	33.15	34.53
浙江	33.13	38.85	39.35	24.37	29.93
海南	26.06	1.92	22.78	42.46	37.07
广西	17.20	9.76	12.25	8.85	37.92

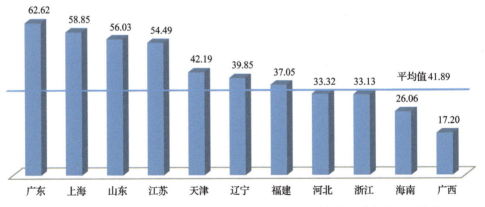

图 3-1 2017 年沿海 11 个省(自治区、直辖市)区域海洋创新指数得分及平均分

从区域海洋创新指数来看,可以分为 4 个梯次进行具体分析。第一梯次为广东,广东区域海洋创新指数得分为 62.62,相当于 11 个沿海省(自治区、直辖市)平均水平的 1.49 倍,排名由 2016 年的第二位上升至我国 11 个沿海省(自治区、直辖市)首位,其海洋创新发展具备坚实的基础,表现出很强的原始创新能力,并且能力不断提升。第二梯次包括上海、山东、江苏和天津,其区域海洋创新指数得分分别为 58.85、56.03、54.49 和 42.19,高于 11 个沿海省(自治区、直辖市)的平均分 41.89。上海的排名由 2016 年的第一位下降到第二位,主要缘于海洋知识创造分指数的大幅降低。山东保持 2016 年的第三位次,有一定的海洋创新基础,长期以来积累了大量的创新资源,创新环境较好。江苏区域海洋创新指数得分为 54.49,排名由 2016 年的第五位上升至第四位,其海洋创新资源的快速发展拉动海洋创新能力的大幅提高。天津由 2016 年的第四位降至 2017 年的第五位,主要由于 2017

年天津海洋知识创造分指数得分较低。第三梯次为辽宁、福建、河北和浙江，其区域海洋创新指数得分分别为 39.85、37.05、33.32 和 33.13，低于平均水平，辽宁的海洋创新绩效分指数得分较低，福建的海洋知识创造得分较低，河北的各个分指数得分相近，但与第一、第二梯次地区相比均较低，浙江的海洋创新环境和海洋创新绩效两个分指数得分均较低，拉低了其综合指数的得分。第四梯次为海南和广西，其区域海洋创新指数得分分别为 26.06、17.20，远低于平均水平。从横向比较来看，广西和海南海洋创新资源薄弱，知识创造效率不高。

　　从海洋创新资源分指数来看，2017 年，海洋创新资源分指数得分超过平均分的沿海省(直辖市)有江苏、山东、广东、辽宁、上海、福建和天津(图 3-2)。其中，江苏区域海洋创新资源分指数得分为80.90，远高于其他地区；山东、广东和辽宁区域海洋创新资源分指数得分分别为 68.65、64.60 和 64.59。

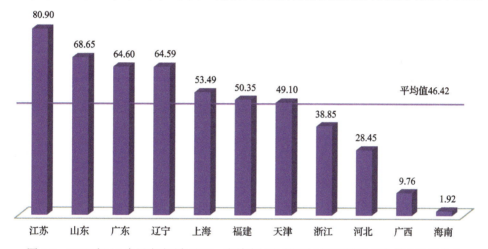

图 3-2　2017 年 11 个沿海省(自治区、直辖市)区域海洋创新资源分指数得分及平均分

　　从海洋知识创造分指数来看，2017 年，我国海洋知识创造分指数得分超过平均分的沿海省(直辖市)为广东、山东、江苏和辽宁(图 3-3)。其中，广东区域海洋知识创造分指数得分为 92.31，远高于 41.10 的平均分，这与广东较高的专利申请数和高产出、高质量的海洋科技论文密不可分；山东区域海洋知识创造分指数得分为 55.78，这主要得益于海洋科技著作和发表论文数量较多；江苏区域海洋知识创造分指数得分为 49.51，其主要贡献来自于海洋科研人员高产出和高质量的科技论文；辽宁区域海洋知识创造分指数得分为 47.98，这主要得益于海洋科技发明专利数和国外发表论文数。

图 3-3　2017 年 11 个沿海省(自治区、直辖市)区域海洋知识创造分指数得分及平均分

　　从海洋创新绩效分指数来看，2017 年，海洋创新绩效分指数得分超过平均分的沿海省（直辖市）有上海、广东、天津、海南、江苏和山东（图 3-4）。其中，上海区域海洋创新绩效分指数得分为 62.09，主要得益于海洋劳动生产率和单位能耗的海洋经济产出得分较高；广东区域海洋创新绩效分指数得分为 52.33，主要原因在于其有效发明专利数远高于其他地区，且拥有良好的海洋经济产出；天津区域海洋创新绩效分指数得分为 47.11，主要得益于得分较高的单位能耗的海洋经济产出和海洋劳动生产率指标；海南区域海洋创新绩效分指数得分为 42.46，在其 4 个分指数中得分最高，该区域海洋创新绩效是海南省综合指数得分超过广西的主要贡献力量；江苏区域海洋创新绩效分指数得分为 40.43，主要原因是其海洋劳动生产率较高，这也得益于其较好的海洋经济产出；山东区域海洋创新绩效分指数得分为 37.42，海洋创新绩效各方面良好，整体处于 11 个沿海省（自治区、直辖市）平均水平之上。

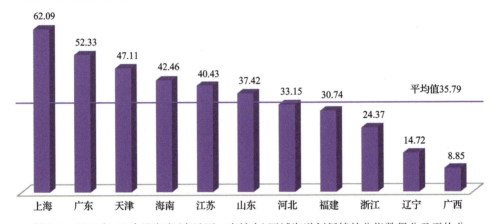

图 3-4　2017 年 11 个沿海省（自治区、直辖市）区域海洋创新绩效分指数得分及平均分

　　从海洋创新环境分指数来看，2017 年，得分超过平均分的沿海省（直辖市）有上海、山东和江苏（图 3-5）。其中，上海区域海洋创新环境分指数得分为 80.21，这得益于其良好的 R&D 经费中设备购置费所占比例和较高的沿海地区人均海洋生产总值指标；山东得分为 62.26，得益于海洋科技经费中的政府资金环境；江苏 R&D 人员人均折合全时工作量指标得分较高，加上较高的沿海地区人均海洋生产总值，使其海洋创新环境得分较高，为 47.13，高于平均值。

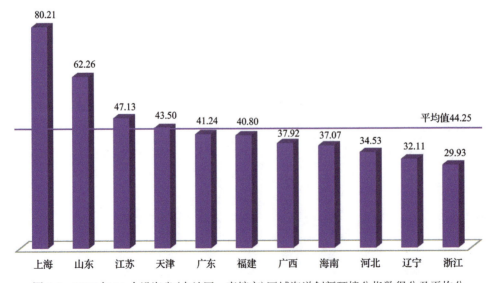

图 3-5　2017 年 11 个沿海省（自治区、直辖市）区域海洋创新环境分指数得分及平均分

二、区域海洋创新能力与经济发展水平强相关

区域海洋创新能力和经济发展水平有着密切的联系。通过反映经济发展水平的"沿海地区人均GDP"与"区域海洋创新指数"关系示意图可知(图3-6),第一、第二梯次的广东、上海、山东、江苏和天津位于第一象限,这一象限中的沿海地区人均GDP较高,区域海洋创新指数高于全国平均水平;福建和浙江位于第四象限,这一象限中的地区人均GDP相对较高,但区域海洋创新指数低于全国平均水平,说明区域海洋创新具备较大的提升空间;第三象限中包括辽宁、河北、海南和广西,这一象限人均GDP相对较低、区域海洋创新指数也低于全国平均水平,说明这些地区的经济发展和海洋创新能力均需提升,需要在提升海洋创新能力的同时,提高经济发展水平。

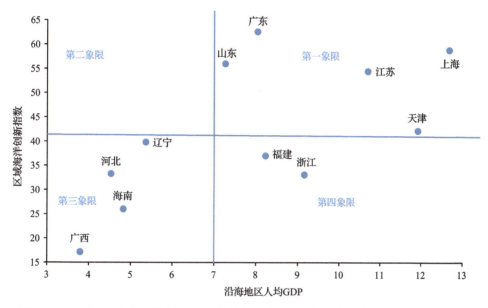

图3-6 2017年11个沿海省(自治区、直辖市)人均GDP与区域海洋创新指数关系示意图

第二节 从五大经济区看我国区域海洋创新发展

针对环渤海经济区、长江三角洲经济区、海峡西岸经济区、珠江三角洲经济区和环北部湾经济区5个经济区的具体分析如下。

环渤海经济区是指环绕着渤海全部及黄海的部分沿岸地区所组成的广大经济区域,是我国东部的"黄金海岸",具有相当完善的工业基础、丰富的自然资源、雄厚的科技力量和便捷的交通条件,在全国经济发展格局中占有举足轻重的地位。2017年,环渤海经济区的区域海洋创新指数为42.85(表3-2),略高于11个沿海省(自治区、直辖市)的平均水平,海洋创新发展有进一步提升的空间。

长江三角洲经济区位于我国东部沿海、沿江地带交汇处,区位优势突出,经济实力雄厚。长江三角洲经济区以上海为核心,以技术型工业为主,技术力量雄厚、前景好、政府支持力度大、环境优越、教育发展好、人才资源充足,是我国最具发展活力的沿海地区。2017年,长江三角洲经济区的区域海洋创新指数为48.82,高于11个沿海省(自治区、直辖市)的平均水平,大量的海洋创新资源和优良的海洋创新环境为长江三角洲经济区海洋科技与经济发展创造了良好的条件,

海洋创新成果突出。

表 3-2　2017 年我国 5 个经济区区域海洋创新指数与分指数

经济区	综合指数	分指数			
	区域海洋 创新指数 a	海洋创 新资源 b_1	海洋知 识创造 b_2	海洋创 新绩效 b_3	海洋创新 环境 b_4
环渤海经济区	42.85	52.70	42.49	33.10	43.10
长江三角洲经济区	48.82	57.75	42.82	42.29	52.43
海峡西岸经济区	37.05	50.35	26.31	30.74	40.80
珠江三角洲经济区	62.62	64.60	92.31	52.33	41.24
环北部湾经济区	21.63	5.84	17.52	25.66	37.49
平均值	42.59	46.25	44.29	36.82	43.01

海峡西岸经济区以福建为主体，包括周边地区，南北与珠江三角洲、长江三角洲两个经济区衔接，东与台湾、西与江西的广大内陆腹地贯通，是具备独特优势的地域经济综合体，具有带动全国经济走向世界的特点。2017 年，海峡西岸经济区的区域海洋创新指数为 37.05，低于 11 个沿海省（自治区、直辖市）的平均水平，区域海洋创新资源分指数得分高于平均水平，有着较好的发展潜质，但海洋知识创造与海洋创新绩效分指数水平较低，海洋创新发展能力有待进一步提升。

珠江三角洲经济区主要指我国南部的广东，与香港、澳门两大特别行政区接壤，科技力量与人才资源雄厚，海洋资源丰富，是我国经济发展最快的地区之一。珠江三角洲经济区的区域海洋创新指数为 62.62，远高于 11 个沿海省（自治区、直辖市）的平均水平，在 5 个经济区中位居首位，该经济区海洋创新环境得分相对较低，但海洋创新资源密集、知识创造硕果累累、创新绩效优势突出。

环北部湾经济区地处华南经济圈、西南经济圈和东盟经济圈的结合部，是我国西部大开发地区中唯一的沿海区域，也是我国与东南亚国家联盟（简称东盟）既有海上通道又有陆地接壤的区域，区位优势明显，战略地位突出。环北部湾经济区的区域海洋创新指数为 21.63，远低于 11 个沿海省（自治区、直辖市）的平均水平，在 5 个经济区中居末位，与长江三角洲及珠江三角洲经济区的差距较大。

第三节　从三大海洋经济圈看我国区域海洋创新发展

《全国海洋经济发展"十三五"规划》多次提及"一带一路"倡议，要求北部、东部和南部三大海洋经济圈加强与"一带一路"倡议的合作。三大海洋经济圈依据各自的资源禀赋和发展潜力，在定位和产业发展上有所区别，创新定位亦有所不同。

2017 年，东部海洋经济圈的区域海洋创新指数为 48.82，居三大海洋经济圈之首（表 3-3，图 3-7）。4 个分指数中得分较高的是海洋创新资源分指数和海洋创新环境分指数，分别为 57.75 和 52.43，两个分指数对该区域的海洋创新指数有较大的正贡献，充分说明该区域优势突出，经济实力雄厚，优质的海洋创新资源为区域海洋科技与经济发展创造了良好的条件。得分较低的是海洋知识创造和海洋创新绩效分指数，分别为 42.82 和 42.29，拉低了区域海洋创新指数得分（图 3-8）。东部海洋经济圈港口航运体系完善，海洋经济外向型程度高，面向亚洲及太平洋地区，是"一带一路"倡议与长江经济带发展战略的交汇区域，可将战略性成果通过新亚欧大陆桥往西传递，实现陆海联动。针对其产业基础丰富与海洋经济高层次发展的特色，区域海洋创新定位需与经济的外向型和高层次特点相一致。

表 3-3　2017 年我国三大海洋经济圈区域海洋创新指数与分指数

经济圈	综合指数	分指数			
	区域海洋创新指数 a	海洋创新资源 b_1	海洋知识创造 b_2	海洋创新绩效 b_3	海洋创新环境 b_4
北部海洋经济圈	42.85	52.70	42.49	33.10	43.10
东部海洋经济圈	48.82	57.75	42.82	42.29	52.43
南部海洋经济圈	35.73	31.66	38.41	33.60	39.26

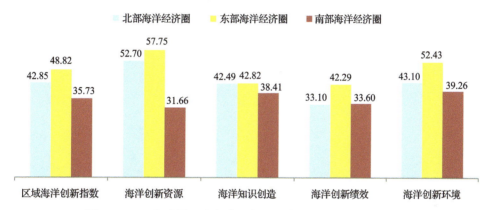

图 3-7　2017 年我国三大海洋经济圈海洋创新指数与分指数得分

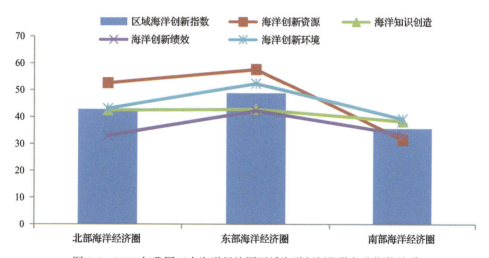

图 3-8　2017 年我国三大海洋经济圈区域海洋创新指数与分指数关系

北部海洋经济圈的区域海洋创新指数为 42.85，得分在三大海洋经济圈居中。4 个分指数中海洋创新资源和海洋创新环境对海洋创新指数有正贡献作用，得分分别为 52.70、43.10；海洋知识创造和海洋创新绩效的得分比较低，分别为 42.49、33.10。北部海洋经济圈的海洋创新指数得分较低的原因主要是海洋创新绩效相对较弱，海洋创新发展有待进一步提高。北部海洋经济圈的海洋经济发展基础雄厚，海洋科研教育优势突出，是北方地区对外开放的重要平台，区域海洋创新定位需与转型升级的经济发展相适应，立足于北方经济，在制造业输出上发力。

南部海洋经济圈的区域海洋创新指数为 35.73，在三大海洋经济圈中最低。4 个分指数得分较为相近，其中，海洋创新环境分指数得分最高，为 39.26。南部海洋经济圈在三大海洋经济圈中得分最低，提升空间较大。南部海洋经济圈海域辽阔、资源丰富、战略地位突出，面向东盟十国，着眼于国际贸易，是我国保护和开发南海资源、维护国家海洋权益的重要基地。区域海洋创新定位需考虑海洋资源丰富和特色产品优势，进一步发挥珠江口及两翼的创新总体优势，带动福建、北部湾和海南岛沿岸发挥区位优势，共同发展，使海洋创新驱动经济发展的模式辐射至整个南部海洋经济圈。

第四章　我国海洋创新能力的进步与展望

海洋创新是指导海洋事业不断突破、实现海洋经济稳步健康发展的重要支撑。

国家海洋创新能力与海洋经济发展相辅相成。我国海洋创新能力的提高，与海洋经济发展相互关联。2004～2017 年国家海洋创新指数、海洋生产总值均呈现明显增长趋势，海洋创新对经济的贡献能力也同步提升。

2017 年，海洋科学和技术发展的部分指标已接近"十三五"规划的预期目标，发展态势良好。海洋生产总值占国内生产总值比例达 9.38%，海洋科技进步贡献率达 63.5%，超过预期规划目标；海洋科技创新成果转化率达 50.0%，与规划目标的 55.0% 有差距，表明科技创新成果转化能力仍有较大提升空间。

第一节　国家海洋创新能力与海洋经济发展相辅相成

国家海洋创新能力与海洋经济发展相辅相成，海洋经济为海洋科技研发提供充足的资金保障，从而提高海洋资源利用效率；海洋科技的进步和创新能力的提高，又促进海洋经济和国民经济的增长。2004～2017 年国家海洋创新指数与海洋生产总值均呈现增长趋势（图 4-1），年均增长率分别为7.48%、13.68%（表 4-1）。国家海洋创新指数增长率不及海洋生产总值增长率，说明国家海洋创新对经济增长的贡献还具有较大的提升空间，但国家海洋创新能力与海洋经济发展的基本趋势保持一致。

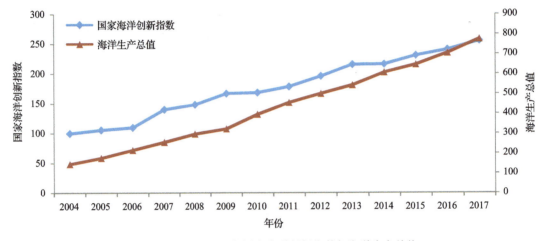

图 4-1　2004～2017 年国家海洋创新指数与海洋生产总值

表 4-1　国家海洋创新指数、海洋生产总值增长率（%）

年份	国家海洋创新指数增长率	海洋生产总值增长率
2004	—	—
2005	5.61	20.42
2006	3.87	22.30
2007	27.52	18.65
2008	5.93	16.00
2009	12.59	8.61
2010	0.94	22.60
2011	5.93	14.97
2012	9.82	10.00
2013	9.91	8.53
2014	0.28	11.76
2015	6.79	6.54
2016	4.27	9.03
2017	6.25	10.07
年均增长率	7.48	13.68

第二节　国家海洋"十三五"相关规划重要指标进展

《全国科技兴海规划纲要（2016～2020 年）》和《全国海洋经济发展"十三五"规划》等对"十

三五"期间的海洋创新发展提出了明确要求，旨在引领"十三五"期间我国海洋创新发展。在"十三五"开端，对这些目标的实际情况进行数据分析，为"十三五"期间管理部门及时掌握国家海洋创新能力情况和发展趋势提供依据。

2017 年，海洋生产总值占国内生产总值比例达 9.38%，海洋科技进步贡献率达 63.5%；海洋科技创新成果转化率达 50.0%，与规划目标的 55.0%有差距，科技创新成果转化能力仍有较大提升空间。2017 年是"十三五"规划第二年，部分指标达到规划目标并呈现上升趋势(表 4-2)，发展态势良好。

表 4-2　国家海洋"十三五"相关规划重要指标情况(%)

主要指标	2015	"十三五"目标	实际测算值
海洋生产总值占国内生产总值比例	9.4	9.5	9.38(2017 年)
海洋科技进步贡献率	>60.0	>60.0	63.5(2006～2017 年)
海洋科技成果转化率	>50.0	>55.0	50.0(2000～2017 年)

展望未来，我国应进一步加大海洋创新资源投入力度，同时注重海洋创新的效率问题，发挥海洋创新的支撑引领作用，转变海洋经济发展方式，推动海洋经济转型升级，依靠海洋科技突破经济社会发展中的能源、资源与环境约束，让海洋创新成为驱动海洋经济发展与转型升级的核心力量，为海洋强国建设提供充足的知识储备和坚实的技术基础。

第五章　海洋全要素生产率测算研究

　　海洋全要素生产率的定量研究为海洋经济政策提供决策参考和数据支持。

　　本研究基于科布-道格拉斯生产函数，通过对海洋产业加权汇总，构建了海洋全要素生产率的测算模型；实现了长时间序列的海洋全要素生产率测算，并分析了海洋产业供给侧资本要素、劳动力要素和全要素生产率的特点与变化趋势。研究表明：我国"十五""十一五""十二五"期间的海洋全要素生产率分别为 7.95%、6.99% 和 7.10%，略有波动；海洋全要素生产率对海洋经济增长的贡献始终位于高位水平，超过资本要素、劳动力要素对海洋经济增长的贡献。

第一节　概要分析

2017年10月18日，习近平总书记在党的十九大报告中提到"以供给侧结构性改革为主线，推动经济发展质量变革、效率变革、动力变革，提高全要素生产率"，强调了从供给侧出发，推进结构调整，矫正资本、劳动力、土地、科技进步、管理水平、政策制度等要素配置扭曲，并以全要素生产率这一指标来衡量改革效果。

海洋是我国经济社会发展的重要空间和关键领域。随着海洋经济的深入发展，有必要开展海洋全要素生产率测算相关研究。海洋全要素生产率是指全部生产要素的投入量不变时，海洋经济产出量仍能增加的部分。这里的"全部生产要素"指的是经济增长中有形的生产要素，一般指资本和劳动力。因此，海洋全要素生产率是度量除去海洋领域资本和劳动力要素投入以外的，用来解释说明在生产过程中的技术进步、生产效率的提高，以及生产规模的扩大等一系列措施所带来的海洋经济产出增加的指标。

关于海洋全要素生产率的测算研究主要基于科布-道格拉斯生产函数进行改进，可分为两个方面：一是以海洋经济效率、海洋经济技术效率、海洋科技效率、海洋科技投入产出效率等与海洋全要素生产率含义相同或相近的指标为对象的测算研究，测算方法包括数据包络分析、Malmquist生产率指数模型、随机前沿模型、SBM模型和指标评价体系等，多从技术效率和规模效率的角度展开，测算指标与测算结果均存在较大差别；二是运用复杂模型探讨海洋全要素生产率的环境约束影响、空间关联效应等的研究，该类研究侧重于海洋全要素生产率的影响机制。总体来看，现有研究虽然对海洋全要素生产率进行了建模测算，但模型依各自研究目的而建，测算结果多为估计值，难以得到广泛认可，且缺少长时间序列的对比。

本研究回归概念本身，基于经典的科布-道格拉斯生产函数，以《中国海洋统计年鉴》数据为基准数据，实现了海洋全要素生产率的模型构建和具体测算，并针对海洋产业供给侧资本要素、劳动力要素和全要素生产率对海洋经济增长的贡献进行了探讨分析。

第二节　模型构建

基于科布-道格拉斯生产函数，可以构建海洋领域产出的分析模型：

$$Y_t = A_0 e^{at} K_t^{\alpha} L_t^{\beta} \tag{5-1}$$

式中，A_0 表示基年海洋全要素生产率；a 表示全要素生产率；t 表示研究期；Y_t、K_t、L_t 分别表示研究期内的海洋领域产出、资本投入和劳动力投入；α 和 β 分别表示海洋领域资本、劳动的弹性系数，假设存在"希克斯中性"技术进步，即海洋经济产出增长的规模报酬不变，即 $\alpha + \beta = 1(0 < \alpha, \beta < 1)$。

对公式(5-1)两边取对数可得

$$\ln y_t = \ln A_0 + at + \alpha \ln k_t + \beta \ln l_t \tag{5-2}$$

对公式(5-2)进行全微分可得

$$y = a + \alpha k + \beta l \tag{5-3}$$

从海洋领域的特殊性出发，综合考虑海洋经济所涉及的多个产业，将各产业的资本投入和劳动力投入在增长速度测算阶段进行汇总加权，得到本研究的测算模型：

$$a(t)=\frac{\sum_{i=1}^{t_2}\sum_{i=1}^{n}[y_i(t)\times\lambda_i(t)]}{t_2-t_1+1}-\alpha\frac{\sum_{i=1}^{t_2}\sum_{i=1}^{n}[k_i(t)\times\lambda_i(t)]}{t_2-t_1+1}-\beta\frac{\sum_{i=1}^{t_2}\sum_{i=1}^{n}[l_i(t)\times\lambda_i(t)]}{t_2-t_1+1} \quad (5\text{-}4)$$

式中，$a(t)$ 表示研究期内的海洋全要素生产率（$t\in[t_1,t_2]$）；n 表示海洋领域纳入测算的产业个数；$y_i(t)$、$k_i(t)$、$l_i(t)$ 分别表示在海洋领域第 i 产业第 t 期的产出增长率、资本投入增长率和劳动投入增长率；$\lambda_i(t)$ 表示第 i 产业第 t 期在总海洋产业中的权重；α 和 β 分别表示海洋领域资本、劳动的弹性系数，本研究选取 $\alpha=0.3$，$\beta=0.7$。

需要说明的是，根据《中国海洋统计年鉴》的历年数据，我国主要海洋产业包括海洋渔业、海洋油气业、海洋矿业、海洋盐业、海洋船舶工业、海洋化工业、海洋生物医药业、海洋工程建筑业、海洋电力业、海水利用业、海洋交通运输业和滨海旅游业十二大产业。经初步筛选和可行性分析，确定数据可支持的 8 个可测算产业包括：海水养殖业、海洋捕捞业、海洋盐业、海洋船舶工业、海洋石油业、海洋天然气产业、海洋交通运输业、滨海旅游业。"十五""十一五""十二五"期间以上 8 个海洋产业的产值总和占主要海洋产业总值的 80% 以上，基本能够有效地反映我国海洋经济发展情况。

8 个海洋产业权重以各海洋产业的产值占比作为参考依据。根据《中国海洋统计年鉴》中我国"十五""十一五""十二五"期间 8 个海洋产业的产值情况，确定各产业权重值（表 5-1）。

表 5-1 "十五""十一五""十二五"期间 8 个海洋产业权重值

产业	"十五"期间	"十一五"期间	"十二五"期间
海水养殖业	0.1844	0.1054	0.1096
海洋捕捞业	0.1757	0.0956	0.0810
海洋盐业	0.0066	0.0046	0.0033
海洋船舶工业	0.0683	0.0704	0.0664
海洋石油产业	0.0648	0.0705	0.0709
海洋天然气产业	0.0034	0.0045	0.0045
海洋交通运输业	0.1867	0.3069	0.2489
滨海旅游业	0.3101	0.3421	0.4154

第三节 结果讨论

一、海洋全要素生产率测算

将海洋领域各产业的基准数据代入海洋全要素生产率的测算模型，得出我国"十五""十一五""十二五"期间的海洋全要素生产率分别为 7.95%、6.99% 和 7.10%（表 5-2）。

表 5-2 海洋全要素率测算值（%）

研究期	产出增长率	资本增长率	劳动增长率	海洋全要素生产率
"十五"期间	11.68	9.74	2.74	7.95
"十一五"期间	12.86	10.10	4.05	6.99
"十二五"期间	9.10	3.40	1.40	7.10

一方面,研究期内我国海洋全要素生产率略有波动,主要原因可能是"十五"到"十一五"期间,国家加快发展海洋经济,海洋开发深度与广度均有大幅提高,海域使用面积扩张,兴建海洋产业基础设施;同时,海洋产业的快速发展带动了大批人就业,涉海就业人员增幅明显。在海洋领域资本要素和劳动力要素增长率均上升的情况下,海洋全要素生产率处于下降趋势。"十二五"期间,我国海洋经济开始转型发展,注重质量效益,海洋领域产出和资本、劳动力的增长速度均明显放缓,海洋全要素生产率则缓慢回升。

另一方面,我国海洋全要素生产率高于同时期国家宏观层面的全要素生产率,说明我国海洋产业发展质量高。

二、供给侧各要素对海洋经济增长的贡献

对表 5-2 数据进行进一步处理,得到海洋领域供给侧各要素对海洋经济增长的贡献值(表 5-3)。

表 5-3　海洋领域供给侧要素对海洋经济增长的贡献值(%)

研究期	资本增长对海洋经济增长的贡献	劳动力增长对海洋经济增长的贡献	海洋全要素生产率对海洋经济增长的贡献
"十五"期间	25.02	16.42	68.05
"十一五"期间	23.60	22.04	54.40
"十二五"期间	11.20	10.80	78.00

海洋领域资本增长对海洋经济增长的贡献在研究期内呈现明显下降趋势。在海洋开发利用初期,海洋经济发展主要依赖于海洋资本的投入,海域使用面积、海洋产业基础设施等的增加会明显带动海洋经济产出的增加;当海洋空间对海洋产业分布趋于饱和时,海洋领域资本的增加对海洋经济产出的影响逐步减弱,"十二五"期间这一趋势尤为明显。

海洋领域劳动力增长对海洋经济增长的贡献同样呈现下降趋势。其原因在于,在本研究的测算模型中,劳动力要素是用人员数量来衡量的,而海洋经济的转型发展必然伴随着高素质人才的引进和廉价劳动力的淘汰,因此,以数量增长体现的贡献率会在海洋经济发展稳定后出现下降。

海洋全要素生产率对海洋经济增长的贡献在"十五""十一五""十二五"期间始终位于高位水平,远远超过资本、劳动力要素增长对海洋经济增长的贡献。可以说,相比于陆域经济,海洋经济增长的内生动力机制主要为海洋全要素生产率,在海洋开发利用活动中更应加强新理念、新方法、新技术的研究与应用。

第四节　小　　结

本研究基于科布-道格拉斯生产函数,测算了"十五""十一五""十二五"期间我国的海洋全要素生产率。但限于目前相关基础不足,测算过程仍有改进空间。随着海洋统计数据日趋完善,有必要进一步开展海洋全要素生产率模型优化和要素细化研究。一方面,深入探索更具有指向性和显示度的新指标,修正并优化模型参数;另一方面,开展海洋全要素生产率的要素细化研究,以便更好地指导海洋产业供给侧结构改革,助力海洋强国建设。

第六章 全球海洋创新能力分析

全球海洋领域 SCI 论文总量保持稳定增长态势。2017 年论文发表数量是 2001 年的 1.76 倍,年均增长率为 3.61%。

全球海洋领域 SCI 发文数量最多的机构为美国的加利福尼亚大学,其次为美国国家海洋和大气管理局、俄罗斯科学院、中国科学院、伍兹霍尔海洋研究所、中国海洋大学、华盛顿大学、法国国家科学研究院、俄勒冈州立大学和法国海洋开发研究院等机构。

全球海洋科技领域发表 SCI 论文数量前 20 位的机构中,8 个机构属于美国;3 个机构属于中国,分别为中国科学院、中国海洋大学和原国家海洋局;两个机构属于法国;加拿大、德国、西班牙、日本、澳大利亚、俄罗斯、英国分别有 1 个机构。

海洋领域 EI 论文数量呈现快速增长趋势。中国、美国海洋领域 EI 论文发表数量占全球 40%左右,年度论文增长幅度远高于其他国家。2011 年以来,中国 EI 论文产出量超过美国,位居全球首位。

中国海洋专利申请数量位居第一,遥遥领先于其他国家和地区,相当于专利申请量第 2 位到第 12 位国家和地区专利申请数量之和,韩国、日本和美国分列第 2 位、第 3 位和第 4 位。在世界海洋专利申请主要机构中,中国有 6 家机构位列前 15 位,分别是浙江海洋大学、中国海洋石油集团有限公司、中国海洋大学、浙江大学、大连海洋大学和天津大学。

第一节　全球海洋科学研究发展态势

一、全球海洋科学研究总体发展格局

1. 基于 SCI 论文分析

（1）全球海洋领域 SCI 论文数量年度变化

2001～2017 年，全球海洋领域 SCI 论文总量持续增长，2017 年全球海洋领域 SCI 论文是 2001 年的 1.76 倍，年均增长率为 3.61%。如图 6-1 所示，2001～2017 年 SCI 论文数量呈现阶梯增长变化，2006 年和 2012 年为全球海洋科技领域 SCI 论文的转折点。

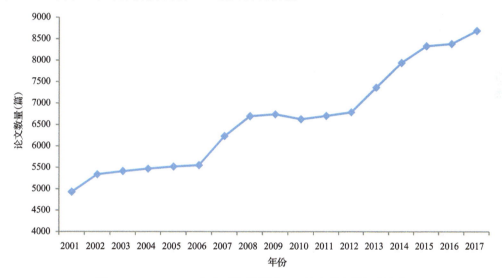

图 6-1　2001～2017 年全球海洋领域 SCI 论文发文量年度变化

（2）全球海洋领域 SCI 论文发文机构分布

从 2001～2017 年全球海洋领域发表 SCI 论文数量排名前 20 位的机构（表 6-1）来看，发文量最多的机构为美国的加利福尼亚大学，其次为美国国家海洋和大气管理局、俄罗斯科学院、中国科学院、伍兹霍尔海洋研究所、中国海洋大学、华盛顿大学、法国国家科学研究院、俄勒冈州立大学和法国海洋开发研究院等机构。前 20 位主要发文机构中，8 个机构为美国所属；3 个机构为中国所属，分别为中国科学院、中国海洋大学和原国家海洋局；两个机构为法国所属；加拿大、德国、西班牙、日本、澳大利亚、俄罗斯、英国国家所属机构均为 1 个。

表 6-1　2001～2017 年全球海洋领域 SCI 论文主要发文机构

序号	机构名称（英文）	机构名称（中文）	论文数量（篇）	国家
1	Univ Calif	加利福尼亚大学	3748	美国
2	NOAA	美国国家海洋与大气管理局	3017	美国
3	Russian Acad Sci	俄罗斯科学院	2909	俄罗斯
4	Chinese Acad Sci	中国科学院	2670	中国
5	Woods Hole Oceanog Inst	伍兹霍尔海洋研究所	2518	美国
6	Ocean Univ China	中国海洋大学	2116	中国
7	Univ Washington	华盛顿大学	1975	美国
8	CNRS	法国国家科学研究院	1728	法国

序号	机构名称(英文)	机构名称(中文)	论文数量(篇)	国家
9	Oregon State Univ	俄勒冈州立大学	1437	美国
10	IFREMER	法国海洋开发研究院	1359	法国
11	(Original) State Ocean Adm China	原国家海洋局	1356	中国
12	Fisheries and Oceans Canada	加拿大渔业及海洋部	1286	加拿大
13	CSIRO	澳大利亚联邦科学与工业研究组织	1245	澳大利亚
14	Univ Miami	迈阿密大学	1230	美国
15	CSIC	西班牙国家研究委员会	1221	西班牙
16	Alfred Wegener Inst Polar & Marine Res	阿尔弗雷德·魏格纳极地与海洋研究所暨亥姆霍兹极地与海洋研究中心	1208	德国
17	Univ Tokyo	东京大学	1199	日本
18	Inst Marine Res,Norway	挪威海洋研究所	1123	美国
19	Oceanog raphy Centre,Southampton England	南安普顿国家海洋中心	1089	英国
20	Univ Florida	佛罗里达大学	1064	美国

2001～2017 年，全球海洋领域发表 SCI 论文数量排名前 20 位的机构的年度发文变化情况如图 6-2 所示，中国机构在 2014～2017 年的发文量占主要优势。2017 年，阿尔弗雷德·魏格纳极地与海洋研究所暨亥姆霍兹极地与海洋研究中心(AWI)、英国南安普顿国家海洋中心、加拿大渔业及海洋部的发文量相对较少。

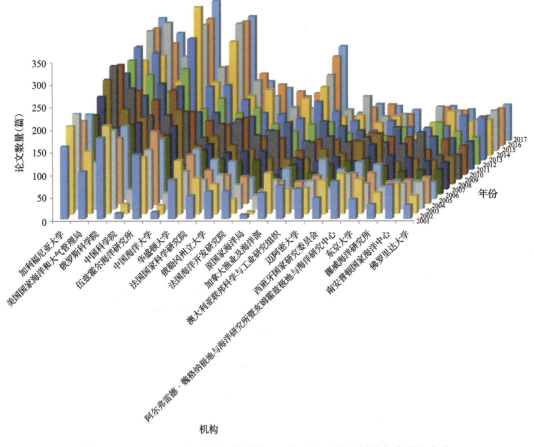

图 6-2　2001～2017 年全球海洋领域 SCI 论文主要发文机构年度发文变化

(3)全球海洋领域 SCI 论文的学科分布

2001～2017 年全球海洋领域的 SCI 研究论文共涉及 23 个学科类别,如表 6-2 所示,海洋科技研究涉及众多学科领域且学科之间交叉频繁。除海洋学外,在研究成果中涉及较多的学科领域还包括海洋工程、海洋与淡水生物学、土木工程、气象学与大气科学、生态学、地球交叉科学、湖沼学、渔业学、水资源学等。

表 6-2　2001～2017 年全球海洋领域 SCI 论文学科分布

序号	WOS 学科分类(英文)	WOS 学科分类(中文)	论文数量(篇)
1	Oceanography	海洋学	94 374
2	Engineering, Ocean	海洋工程	31 625
3	Marine & Freshwater Biology	海洋与淡水生物学	30 457
4	Engineering, Civil	土木工程	15 199
5	Meteorology & Atmospheric Sciences	气象学与大气科学	10 143
6	Ecology	生态学	9 360
7	Geosciences, Multidisciplinary	地球交叉科学	8 842
8	Limnology	湖沼学	7 826
9	Fisheries	渔业学	7 526
10	Water Resources	水资源学	4 795
11	Engineering, Mechanical	机械工程	2 701
12	Chemistry, Multidisciplinary	化学交叉科学	1 619
13	Geochemistry & Geophysics	地球化学与地球物理学	1 456
14	Paleontology	古生物学	1 360
15	Engineering, Electrical & Electronic	电子与电气工程	1 245
16	Engineering, Multidisciplinary	工程交叉学科	945
17	Environmental Sciences	环境科学	601
18	Mechanics	力学	601
19	Engineering, Geological	地质工程	551
20	Mining & Mineral Processing	采矿与选矿	551
21	Remote Sensing	遥感	449
22	Zoology	动物学	209
23	Energy & Fuels	能源与燃料	92

2. 基于 EI 论文分析

工程索引(engineering index,EI)是美国工程师学会联合会创办的一部工程技术领域文献的综合性检索工具。该数据库是被工程技术界认可的非常重要的检索工具。该数据库收录了近 2000 万条数据,涉及 77 个国家、190 多个工程学科、3600 余种期刊、80 多个图书连续出版物、9 万余个会议录及 12 万余篇学位论文,此外还有上百种贸易杂志等。本章对 EI 中与海洋有关学科领域的论文产出进行了梳理和统计,以分析全球和中国在海洋相关领域的科技发展态势。

为收集相关文献,本章梳理了海洋学相关的 EI 学科分类,最终确定以大约 20 个相关学科类目为检索范围,文献类型限定为期刊、学位论文和会议录,并将文献出版年份限定为 2001～2017 年。检索获得全球相关文献 228 308 条,中国相关文献 44 392 条。

(1) 全球海洋领域 EI 论文数量年度变化

图 6-3 统计了 2001～2017 年全球海洋相关研究领域论文数量的年度变化，由于收录论文存在时滞(特别是会议录和学位论文的收录时滞更大)，近几年发表的论文收录不全。2001～2017 年，相关论文数量呈现总体增长趋势，其中 2001～2005 年，论文数量逐年迅速增长，2006～2008 年论文数量回落，之后再次迅速增长，2012 年达到近 20 年的最高值，2012 年以来各年论文数量总体平稳。

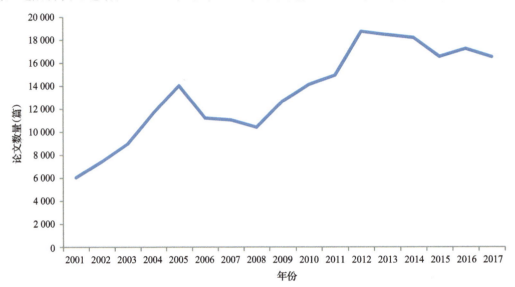

图 6-3　2001～2017 年全球海洋领域 EI 论文发文量年度变化

(2) 全球海洋领域 EI 论文发文机构分布

2001～2017 年，海洋领域 EI 论文产出最多的 15 个机构的发文情况如图 6-4 所示。在发文量最多的 15 个机构中，美国有 6 个，中国有 5 个，法国、日本、俄罗斯、荷兰各 1 个。中国科学院论文产出数量位居全球首位，此外，中国的哈尔滨工程大学、中国海洋大学、大连理工大学和上海交通大学等 4 个机构也是全球 EI 论文数量最多的前 15 个机构。

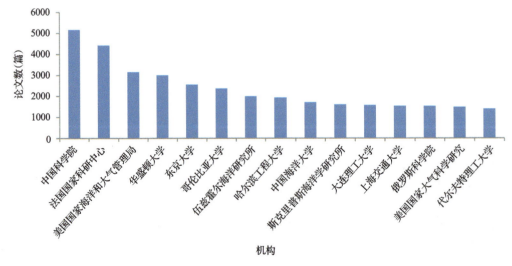

图 6-4　2001～2017 年全球海洋领域 EI 论文的主要发文机构

(3) 全球海洋领域 EI 论文的主题领域分布

图 6-5 统计了 2001～2017 年海洋相关主题分类领域中论文数最多的 15 个类目。论文最多的主

题领域主要分布在海洋学总论，海水、潮汐和波浪，海洋科学和海洋学，数学，大气性质，海上建筑物、数值方法，化学品操作等，从学科领域分布来看，在海洋学研究中，大量研究与数学、大气科学、化学、材料科学、地质学、工程、力学、生物工程与生物学等有关。

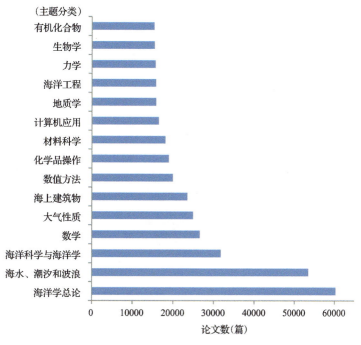

图 6-5　2001～2017 年全球海洋领域 EI 论文的主题领域分布

(4) 全球海洋领域 EI 论文的主要来源期刊

2001～2017 年，发表 EI 海洋领域相关论文的期刊种类非常广泛。图 6-6 统计了发表论文最多的 15 种期刊，这 15 种期刊发表的论文数占海洋相关论文总数的 16.78%。

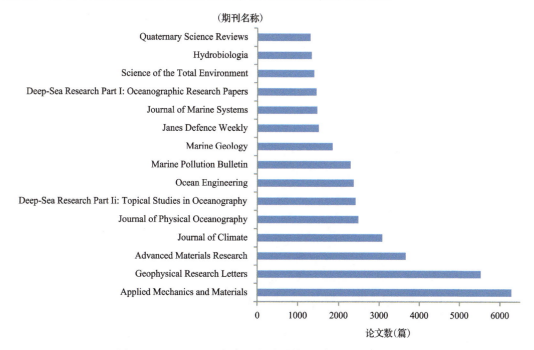

图 6-6　2001～2017 年全球海洋领域 EI 论文的主要来源期刊

（5）全球海洋领域 EI 论文的主要来源会议录

会议和会议论文是了解领域国内外研究进展的重要渠道。图 6-7 统计了 2001～2017 年收录海洋相关论文最多的 15 个会议录。以海洋为主题的国际会议主要有：Proceedings of the International Conference on Offshore Mechanics and Arctic Engineering、Proceedings of the International Offshore and Polar Engineering Conference、Proceedings of the International Conference on Port and Ocean Engineering under Arctic Conditions 等，此外还有一些国家和地区会议，如 Proceedings of the Annual Offshore Technology Conference、Proceedings of the Coastal Engineering Conference 等。

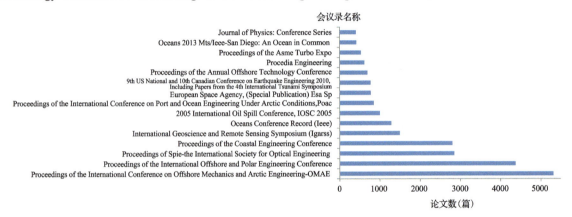

图 6-7　2001～2017 年全球海洋领域 EI 论文的主要来源会议录

二、全球海洋科学研究国家实力比较

1. 基于 SCI 论文分析

（1）全球海洋领域 SCI 论文的主要发文国家

2001～2017 年，全球海洋领域 SCI 论文发文数量前 15 位的国家如图 6-8 所示。美国占据绝对优势，其次为中国和英国，发文数量均在 8500 篇以上，前 15 位的其他国家分别为澳大利亚、法国、德国、加拿大、日本、西班牙、俄罗斯、挪威、意大利、荷兰、印度和韩国。

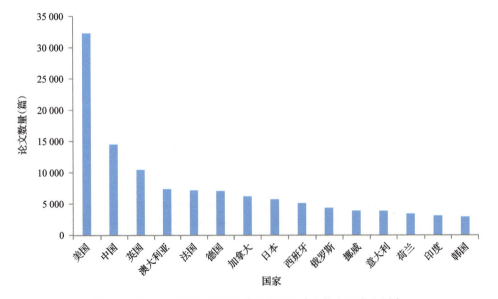

图 6-8　2001～2017 年全球海洋领域 SCI 论文的主要发文国家

图 6-9 为 2001～2017 年海洋领域 SCI 论文发文总量前 15 位的国家年度发文情况，美国呈现稳定增长趋势，中国呈现明显增加趋势，尤其是最近 3 年(2014～2017 年)占绝对优势，英国、法国、德国和加拿大的趋势相对稳定。

图 6-9　2001～2017 年全球海洋领域 SCI 论文的主要发文国家年度发文量变化

(2)全球海洋领域主要国家 SCI 论文影响力及产出效率指标

2001～2017 年，全球海洋领域 SCI 发文数量前 15 位国家的科研影响力及产出效率指标如表 6-3 所示，包括论文总被引频次、篇均被引频次、未被引论文占比及 H 指数、近 3 年(2014～2017 年)发文量及占比等。

表 6-3　2001～2017 年全球海洋领域 SCI 论文影响力及产出效率指标统计

国家	论文数量(篇)	篇均被引频次(次/篇)	总被引频次(次/篇)	近 3 年发文量(篇)	近 3 年发文占比(%)	未被引用论文数量(篇)	未被引论文占比(%)	H 指数
美国	32 313	26.68	862 024	6 551	19.92	1 781	5.51	228
中国	14 498	9.58	138 954	5 622	38.00	2 209	15.24	102
英国	10 445	24.61	257 090	1 790	21.04	430	4.12	146
澳大利亚	7 360	23.32	171 650	1 807	23.98	266	3.61	126
法国	7 151	25.98	185 772	1 586	21.75	187	2.62	126
德国	7 041	26.32	185 286	1 525	21.10	209	2.97	137
加拿大	6 197	24.57	152 274	1 245	19.50	280	4.52	126
日本	5 718	18.21	104 143	1 153	19.92	332	5.81	100
西班牙	5 111	21.96	112 248	1 156	22.26	172	3.37	105
俄罗斯	4 343	8.47	36 789	927	21.28	778	17.91	64
挪威	3 882	21.93	85 124	994	25.10	202	5.20	102
意大利	3 855	22.57	86 996	1 015	26.04	173	4.49	97
荷兰	3 374	27.83	93 887	750	21.79	93	2.76	109
印度	3 063	8.43	25 818	1 057	34.30	673	21.97	56
韩国	2 892	10.17	29 403	973	32.94	415	14.35	63

从主要国家科研影响力看，论文总被引频次最高的为美国，其次为英国、法国、德国、澳大利亚、加拿大。尽管中国论文总量排名第二，但是论文总被引频次却排名第七位，被引频次偏低一般是因为论文影响力不足或者论文多为近几年发文而造成周期滞后等。例如，中国近 3 年 SCI 发文数量占全球的比例为 38%，这可能是造成篇均被引频次较低的一个重要原因。从主要国家海洋领域的 SCI 论文篇均被引频次看，荷兰最高，为 27.83 次/篇，美国、德国、法国均为 25 次/篇以上，中国排名第 13 位。从未被引用论文数量看，中国最多；从未被引论文占比来看，法国最少，为 2.62%，其次为荷兰、德国、西班牙、澳大利亚等国家，其未被引论文占比均小于所在国家 SCI 论文数的 5%，中国为 15.24%，排名第 13 位。

H 指数可用于评估一个国家的科研论文影响力，这是因为 H 指数同时关注论文被引数量和被引频次指标，H 指数与总被引频次、论文被引数量具有较强的正相关关系。国家 H 指数主要指在一个国家发表的 Np（the total number of papers published）篇论文中，如果有 H 篇论文的被引次数都大于等于 H，而其他（Np-H）篇论文被引频次都小于 H，那么该国的科研成就的指数值为 H。在前 15 位主要国家中，美国、英国、德国、法国、澳大利亚和加拿大的 H 指数较高，均超过 120，表明这些国家在海洋领域中的科研成就较为突出。

从主要国家的科技产出效率指标来看，最近 3 年发表论文较多的国家为美国、中国、澳大利亚、英国、法国和德国，其论文数均在 1500 篇以上。从近 3 年发文数量占所有统计年份数量的比例来看，中国、印度和韩国近 3 年均超过了 30%，表明这些国家海洋创新力量正在崛起。

2. 基于 EI 论文分析

图 6-10 列出了 2001～2017 年全球海洋领域发表论文最多的 10 个国家。美国最多，中国紧随其后，中美两国发表论文数占全球 40%左右，是海洋学论文产出最主要的两个国家。

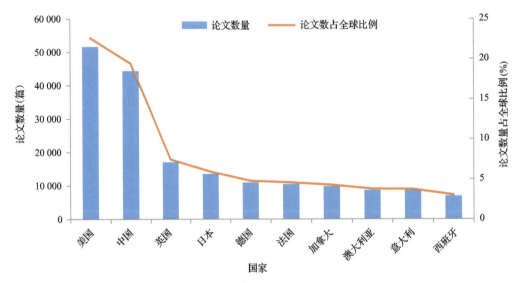

图 6-10　2001～2017 年全球海洋领域 EI 论文主要发文国家及其发文占比

图 6-11 统计了海洋领域 EI 发文数量前 10 位国家的论文数量年度变化。2001～2010 年，美国在海洋领域发表的论文数量远远超过其他国家，近十几年来，中国海洋领域论文产出增长非常迅速，2011 年以来，中国年度 EI 论文产出量已超过美国，位居全球首位。

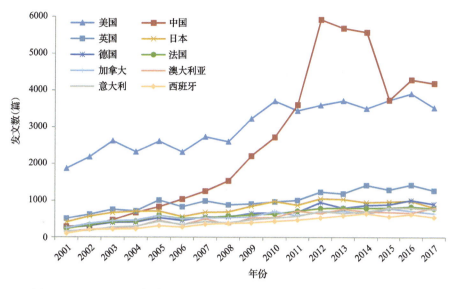

图 6-11　2001～2017 年全球海洋领域 EI 论文主要发文国家的发文量年度变化

三、中国海洋科学研究发展态势

1. 中国海洋领域论文发文量增长情况

（1）SCI 论文

2001～2017 年，我国海洋学 SCI 论文发文量为 14 548 篇，2017 年发文量是 2001 年的 10.76 倍。2001～2017 年，SCI 发文量呈现明显增长趋势，尤其是在 2012 年之后快速增长（图 6-12），2013 年是 SCI 论文增长数量的突变年，之后我国海洋科技领域 SCI 论文数量保持轻微波动变化。SCI 论文增长数量在 2006～2010 年呈现波浪式增长，2011～2017 年 SCI 论文发文量先增加后减少，而后保持稳定变化。如图 6-13 所示，2001～2017 年，国际海洋学 SCI 论文数量有增有减，我国发文量呈现持续增长的变化趋势，尤其是进入"十二五"之后，呈现快速增长趋势。2001～2017 年，我国 SCI 论文的第一作者国家署名的论文数量呈现增长趋势，如图 6-14 所示，其中 2011～2017 年呈现明显的直线增长变化趋势。

图 6-12　2001～2017 年我国海洋领域 SCI 论文发文量年度变化

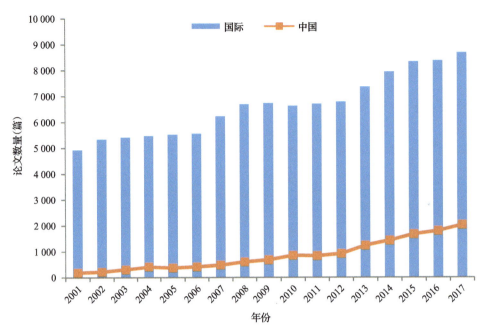

图 6-13　2001～2017 年中国与国际海洋领域 SCI 论文发文趋势

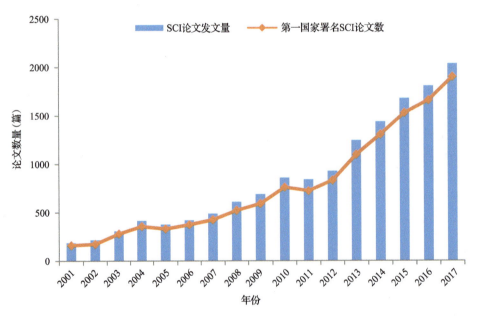

图 6-14　2001～2017 年我国海洋领域 SCI 论文年度发文总量及第一作者国家署名 SCI 论文数年度变化

(2)EI 论文

图 6-15 统计了 2001～2017 年我国海洋相关论文数量及占全球比例的年度变化(注:EI 未收录中国学位论文)。近 15 年来我国论文发文量的增长速度远远超过全球论文发文量的增长速度,2012 年我国发表的论文数量是 2001 年的 20.57 倍,中国论文占全球比例从 2001 年的 4.76%上升到现在的 25%以上,表明我国对海洋相关研究的重视程度日益提升。

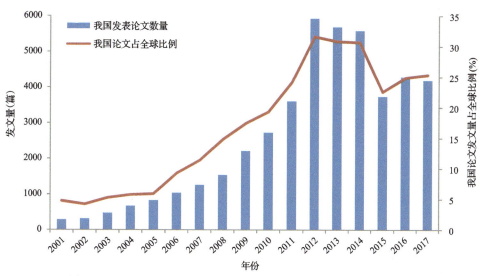

图 6-15　2001～2017 年我国海洋领域 EI 论文发文量及全球占比变化

2. 中国海洋领域论文的学科分布

（1）SCI 论文的学科分布

2001～2017 年，我国海洋领域 SCI 论文学科交叉频繁。Web of Science 数据库中收录的每一条记录都有一个包含了它的来源出版物所属的学科类别，覆盖 252 个学科类别。根据检索式在 Web of Science 数据库中检索到的与我国海洋科技相关的 SCI 研究论文共涉及 22 种学科类别，如表 6-4 所示。

表 6-4　2001～2017 年我国海洋领域 SCI 论文的学科分布

序号	WOS 学科分类（英文）	WOS 学科分类（中文）	论文数量（篇）
1	Oceanography	海洋学	12 083
2	Engineering, Ocean	海洋工程	5 734
3	Engineering, Civil	土木工程	2 943
4	Limnology	湖沼学	1 525
5	Meteorology & Atmospheric Sciences	气象学与大气科学	1 364
6	Water Resources	水资源学	1 344
7	Geosciences, Multidisciplinary	地球交叉科学	1 333
8	Marine & Freshwater Biology	海洋与淡水生物学	1 220
9	Engineering, Mechanical	机械工程	1 158
10	Engineering, Multidisciplinary	工程学交叉科学	820
11	Ecology	生态学	253
12	Geochemistry & Geophysics	地球化学与地球物理学	242
13	Engineering, Geological	地质工程	228
14	Mining & Mineral Processing	采矿与选矿	228
15	Fisheries	渔业学	163
16	Chemistry, Multidisciplinary	化学交叉科学	162
17	Engineering, Electrical & Electronic	电子与电气工程	131
18	Remote Sensing	遥感	74
19	Environmental Sciences	环境科学	57
20	Mechanics	力学	57
21	Paleontology	古生物学	53
22	Energy & Fuels	能源和燃料	3

除海洋学外，在研究成果中涉及较多的学科领域还包括海洋工程、湖沼学、气象学与大气科学、水资源学、海洋与淡水生物学、生态学、地球化学与地球物理学、地质工程、采矿与选矿、渔业学等，以及海洋科技相关学科及交叉学科领域。

(2)EI 论文的学科领域分布

2001～2017 年，我国海洋领域 EI 论文共计 44 392 篇。图 6-16 统计了我国海洋领域 EI 论文的学科分布，论文的主要学科分布与国际相似，但我国在舰艇、海上建筑物等学科主题的论文量所占比例相对较大。

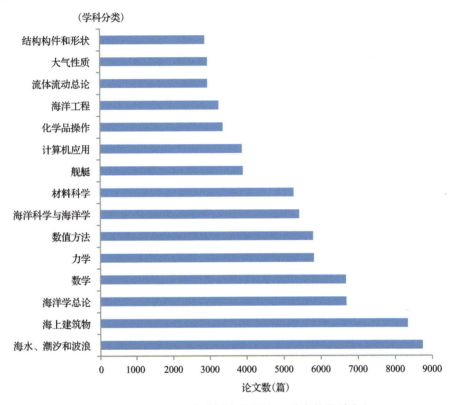

图 6-16　2001～2017 年我国海洋领域 EI 论文的学科分布

3. 中国海洋领域论文的主要来源期刊分布

(1)SCI 论文来源期刊分布

表 6-5 统计了 2001～2017 年我国海洋科技领域发表 SCI 论文数量前 20 位的期刊。其中，发文数量量在 1000 篇以上的期刊为 Acta Oceanologica Sinica、Chinese Journal of Oceanology and Limnology、Ocean Engineering，其次为 China Ocean Engineering、Terrestrial Atmospheric and Oceanic Sciences、Journal of Geophysical Research-Oceans 和 Journal of Ocean University of China 等，发文数量在 500 篇以上。

(2)EI 论文来源期刊分布

图 6-17 统计了 2001～2017 年我国海洋领域 EI 论文主要来源期刊分布。发文最多的前两种期刊分别是 *Applied Mechanics and Materials*、*Advanced Materials Research*，两种期刊发表的海洋领域论文数量占我国该领域论文总数的 19%。

表 6-5　2001～2017 年我国海洋领域 SCI 论文主要来源期刊

序号	期刊名称	发文数量（篇）	序号	期刊名称	发文数量（篇）
1	Acta Oceanologica Sinica	1639	11	Applied Ocean Research	266
2	Chinese Journal of Oceanology and Limnology	1306	12	Marine Ecology Progress Series	236
3	Ocean Engineering	1144	13	Marine Georesources & Geotechnology	228
4	China Ocean Engineering	994	14	Marine Geology	193
5	Terrestrial Atmospheric and Oceanic Sciences	843	15	Journal of Atmospheric and Oceanic Technology	184
6	Journal of Geophysical Research-Oceans	711	16	Ocean & Coastal Management	182
7	Journal of Ocean University of China	690	17	Journal of Marine Systems	182
8	Estuarine Coastal and Shelf Science	405	18	Deep-Sea Research Part II: Topical Studies in Oceanography	172
9	Continental Shelf Research	395	19	Journal of Oceanography	171
10	Journal of Navigation	273	20	Marine Chemistry	162

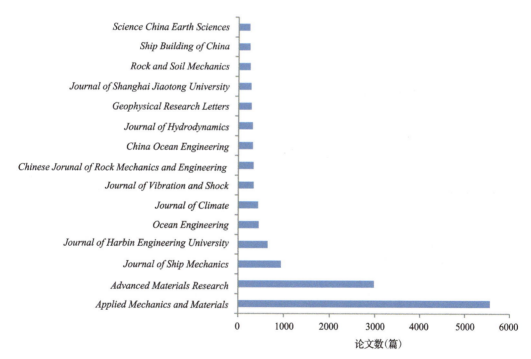

图 6-17　2001～2017 年我国海洋领域 EI 论文主要来源期刊

4. 中国海洋领域的主要研究机构分布

（1）SCI 论文的主要发文机构

2001～2017 年，我国海洋领域 SCI 论文的主要发文机构中排名前 20 位的机构如表 6-6 所示。其中，中国科学院排名在第一位，论文数量约为第二位中国海洋大学的 1.26 倍以上，发表论文在 1000 篇以上的机构还有排名第三位的国家海洋局。其次为台湾海洋大学、大连理工大学、台湾大学、上海交通大学、厦门大学、中山大学等机构。

表 6-6　2001～2017 年我国海洋领域 SCI 论文的主要发文机构

序号	机构名称(英文)	机构名称(中文)	论文数量(篇)
1	Chinese Acad. Sci.	中国科学院	2672
2	Ocean Univ. China	中国海洋大学	2117
3	State Ocean. Adm.	国家海洋局	1326
4	Taiwan Ocean Univ.	台湾海洋大学	787
5	Dalian Univ. Technol.	大连理工大学	687
6	Taiwan Univ.	台湾大学	669
7	Shanghai Jiao Tong Univ.	上海交通大学	594
8	Xiamen Univ.	厦门大学	580
9	Sun Yat-Sen Univ.	中山大学	534
10	Cent. Univ.	"台湾中央大学"	438
11	Zhejiang Univ.	浙江大学	414
12	Acad Sinica	"台湾中央研究院"	402
13	Hohai Univ.	河海大学	376
14	Cheng Kung Univ.	台湾成功大学	351
15	Hong Kong Univ. Sci. & Technol.	香港科技大学	344
16	Harbin Engin. Univ.	哈尔滨工程大学	337
17	East China Normal Univ.	华东师范大学	318
18	Chinese Acad. Fishery Sci.	中国水产科学院	302
19	Tianjin Univ.	天津大学	247
20	Shanghai Ocean Univ.	上海海洋大学	238

(2)EI 论文的主要发文机构

图 6-18 统计了 2001～2017 年我国发表海洋相关 EI 论文最多的 15 个机构。我国涉海研究机构众多，中国科学院在海洋领域的科技论文数占全国的份额为 11.63%。

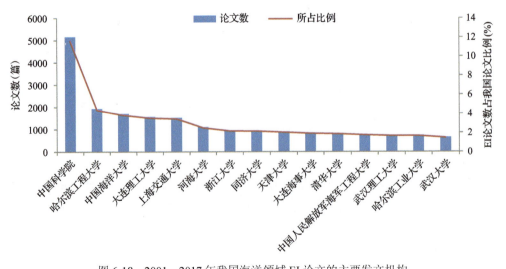

图 6-18　2001～2017 年我国海洋领域 EI 论文的主要发文机构

第二节　全球海洋领域专利技术研发态势

一、全球海洋领域专利技术总体研发格局

从德温特专利索引（Derwent Innovation Index，DII）数据库检索 2001～2017 年海洋专利数据，中国专利申请量 38 030 件，位居全球第一，相当于专利申请量第 2 位到第 12 位国家和地区专利申请数量之和，韩国、日本和美国分列第 2～4 位（图 6-19）。

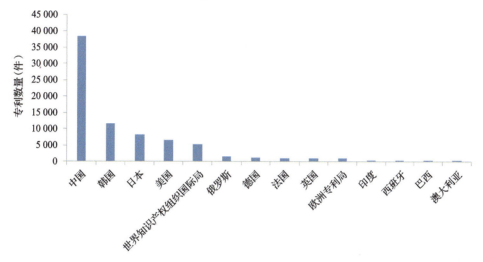

图 6-19　2001～2017 年主要国家和机构海洋领域专利申请数量

国际海洋领域专利数量从 2005 年之后增长迅速，中国海洋专利保持了同期的增长，在世界专利中所占比例稳步增高，从 2001 年的 5.45% 提高至 2017 年的 77.55%（包含多国合作专利）。其他国家世界海洋相关专利数量自 2012 年以后逐步下降，由此推断 2012 年以后世界海洋相关专利的增长主要来源于中国（图 6-20）。（近 3 年专利数据滞后，2016～2017 年专利数量仅供参考）

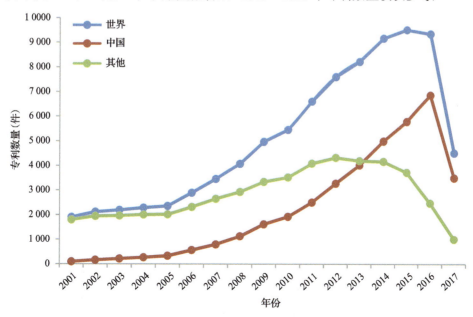

图 6-20　2001～2017 年世界海洋领域专利申请数量年度变化

　　世界海洋领域专利数量增长（图 6-21）的原因之一是相关海洋专利申请机构不断增多，2015 年机构数量已经增加至 2001 年的 3 倍，表明海洋相关产业涉及的行业越来越多，新兴的产业也逐渐开始进入海洋领域。

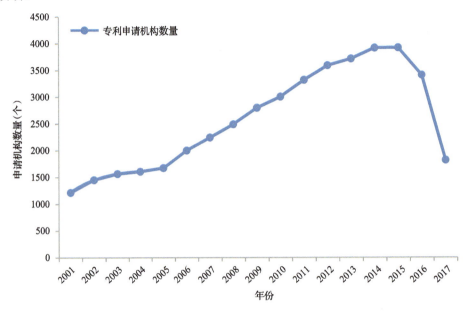

图 6-21　2001～2017 年国际海洋领域专利申请机构数量年度变化

　　国际海洋领域专利数量和相关机构的增加，表明海洋专利申请人数增多，2015 年比 2001 年增加了 2.9 倍（图 6-22），依据 2012～2015 年专利申请人数量预测，专利申请人数量将保持平稳增长，未来推动专利数量增加的因素可能在机构和行业方面。

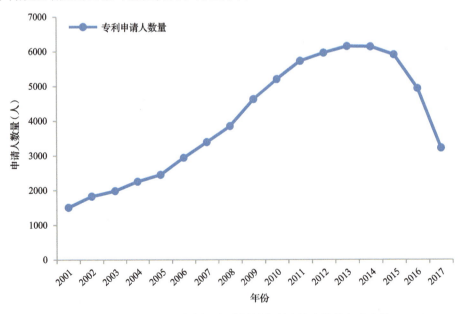

图 6-22　2001～2017 年国际海洋领域专利申请人数量年度变化

　　2001～2017 年，国际海洋领域专利申请的主要机构如图 6-23 所示，其中中国有 6 家机构位列前 15 位，分别是浙江海洋大学、中国海洋石油集团有限公司、中国海洋大学、浙江大学、大连海洋大学和天津大学。国际海洋专利申请机构主要是韩国的造船、重工企业，以及日本重工企业。

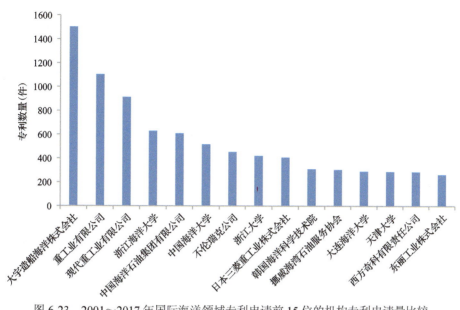

图 6-23　2001～2017 年国际海洋领域专利申请前 15 位的机构专利申请量比较

2001～2017 年，按照国际专利分类(IPC)，国际海洋领域专利申请最为集中的前 15 个技术方向分别是(图 6-24)：B63B(船舶或其他水上船只；船用设备)、C02F(污水、污泥污染处理)、A01K(畜牧业；禽类、鱼类、昆虫的管理；捕鱼；饲养或养殖其他类不包含的动物；动物的新品种)、A23L(不包含在 A21D 或 A23B～J 小类中的食品、食料或非酒精饮料)、A61K(医学用配置品)、E02B(水利工程)、F03B(液力机械或液力发动机)、B01D(分离)、A61P(化合物或药物制剂的特定治疗活性)、B63H(船舶的推进装置或操舵装置)、G01N(借助测定材料的化学或者物理性质来测试或分析材料)、E21B(土层或岩石的钻进)、G01V(地球物理；重力测量；物质或物体的探测；示踪物)、E02D(基础；挖方；填方)、G01S(无线电定向；无线电导航；采用无线电波测距或测速；采用无线电波的反射或再辐射的定位或存在检测；采用其他波的类似装置)。

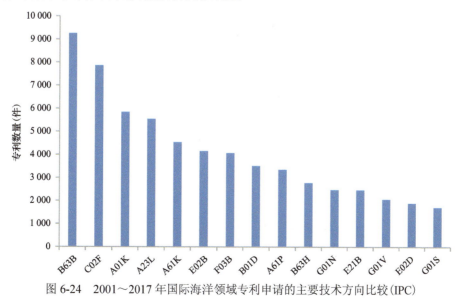

图 6-24　2001～2017 年国际海洋领域专利申请的主要技术方向比较(IPC)

二、全球海洋领域专利技术研发国家实力比较

对 2001～2017 年海洋领域专利申请量排名前 15 位的国家与机构进行比较分析，发现中国专利

数量增长优势明显。中国自 2006 年专利数量飞速上升后，一直位于世界前列，并且与其他国家专利数量差距越来越大。推测中国专利数量增多的原因：一是国家专利扶持政策；二是涉海高校和海洋产业逐渐增多。韩国在 2010～2015 年保持了较高的海洋专利申请数量(图 6-25)。

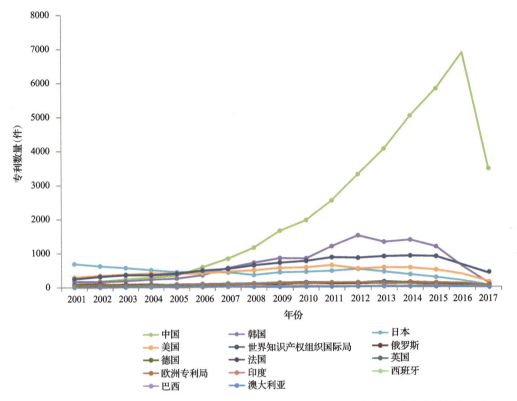

图 6-25　2001～2017 年海洋领域专利申请量排名前 15 位的国家与机构专利申请量年度变化

中国海洋领域专利申请量占比 42.01%是根据近 3 年(2014～2017 年)申请统计的，印度比例也较高，为 26.79%。比例较低的有日本和巴西，其中日本仅占 7.30%，是专利数量在 1000 件以上中占比最低的国家(图 6-26)。

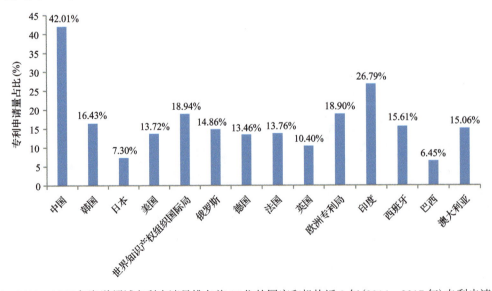

图 6-26　2001～2017 年海洋领域专利申请量排名前 15 位的国家和机构近 3 年(2014～2017 年)专利申请量占比

三、中国海洋领域专利技术研发态势

2001～2017 年，中国海洋领域专利申请数量持续增长，自 2006 年以来显著增长，2017 年的专利申请数量已经是 2001 年的 9 倍，2013 年的专利申请数量突破 5000 件，此后基本实现了年增长 800 件的速度（图 6-27）。由于专利数据存在滞后性，近 3 年（2014～2017 年）的数据仅供参考，但仍可看出中国目前海洋领域技术发展还处于高速增长期。

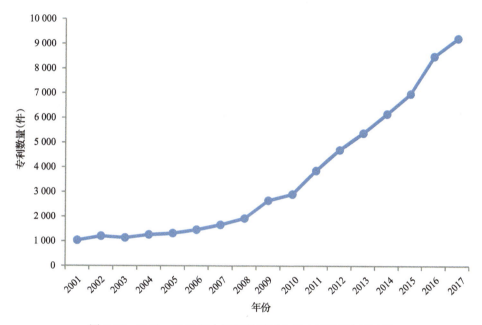

图 6-27　2001～2017 年中国海洋领域专利申请数量年度变化

2001～2017 年，中国海洋领域专利申请类型中，发明专利占 65%以上，海洋专利技术研发占比较高，创新潜力较大，外观设计占比偏少，表明目前中国海洋相关科技产品数量较少（图 6-28）。

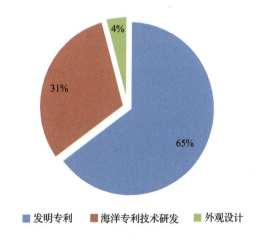

图 6-28　2001～2017 年中国海洋领域专利申请类型构成

中国海洋领域专利类型中，外观设计增长几乎可忽略，专利数量的增加主要来源于发明专利和实用新型（图 6-29）。

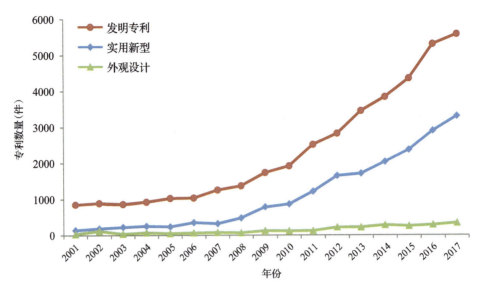

图 6-29　2001～2017 年中国海洋领域专利申请类型年度增长情况

中国海洋领域专利申请中，失效专利占 45%，其中一个失效原因是专利未缴年费，撤回和驳回也是失效专利的另一个原因，期满专利和放弃专利仅占全部专利的 1% 以下。有效专利和审中专利占 55%，说明中国海洋专利质量有待进一步提高（图 6-30）。

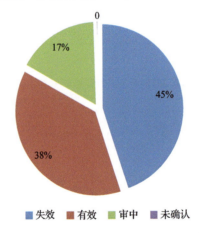

图 6-30　2001～2017 年中国海洋领域专利的法律状态

中国海洋领域专利出现频次较高的 15 个技术方向（IPC）依次为（图 6-31）：C02F（污水、污泥污染处理）、A01K（畜牧业；禽类、鱼类、昆虫的管理；捕鱼；饲养或养殖其他类不包含的动物；动物的新品种）、B63B（船舶或其他水上船只；船用设备）、G01N（借助测定材料的化学或者物理性质来测试或分析材料）、F03B（液力机械或液力发动机）、E02B（水利工程）、B01D（分离）、E21B（土层或岩石的钻进）、A61K（医学用配置品）、E02D（基础；挖方；填方）、A23L（不包含在 A21D 或 A23B～J 小类中的食品、食料或非酒精饮料）、A61P（化合物或药物制剂的特定治疗活性）、C12N（微生物或酶）、F16L（管子；管接头或管件；管子、电缆或护管的支撑；一般的绝热方法）、C09D（涂料组合物，如色漆、清漆或天然漆；填充浆料；化学涂料或油墨的去除剂；油墨；改正液；木材着色剂；用于着色或印刷的浆料或固体；原料为此的应用）。

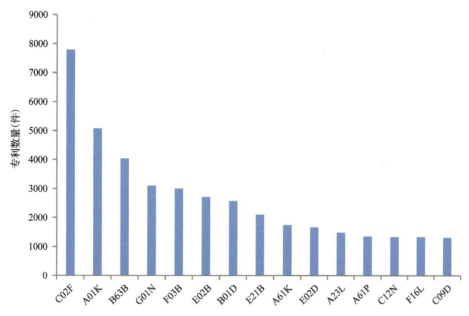

图 6-31　2001~2017 年中国海洋领域专利申请的主要技术方向(IPC)

2001~2017 年,中国海洋领域专利主要申请省(直辖市)中,山东省位居第一,主要贡献来自青岛市,与其具有较多的涉海科研机构与大学密切相关。江苏省和浙江省分列第 2、第 3 位,广东省位列第 4 位。其他沿海省(直辖市)中,福建省的专利申请数量相对较少,广西壮族自治区则在前 10 名之外,排名第 16 位(图 6-32)。

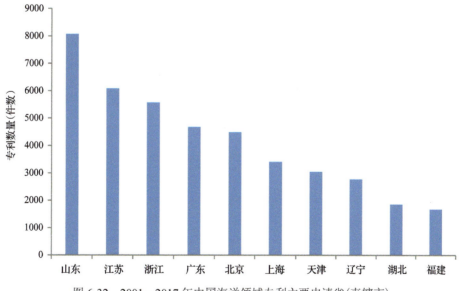

图 6-32　2001~2017 年中国海洋领域专利主要申请省(直辖市)

中国海洋领域专利主要申请省(直辖市)中,广东省外观设计专利位居第一,这在一定程度上反映了广东省海洋相关产品的开发设计水平领先于其他省(直辖市),山东省由于专利基数较大,占据了发明专利和实用新型专利数据首位(图 6-33)。

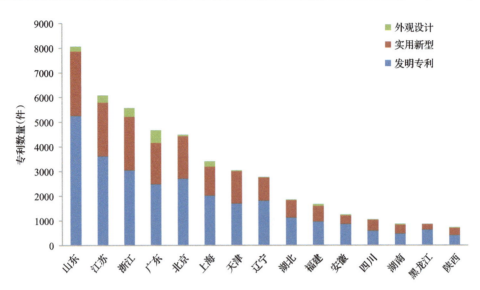

图 6-33 2001～2017 年中国海洋领域专利主要申请省(直辖市)专利类型占比

2001～2017 年，中国海洋领域专利前 15 位主要申请机构中，企业有 4 家，主要是中国海洋石油相关企业，大学有 10 家，科研院所有 1 家，也反映出我国专利申请数量的主要单位是大学与企业，科研院所占比仍然偏少(图 6-34)。

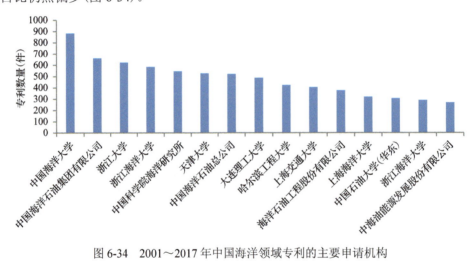

图 6-34 2001～2017 年中国海洋领域专利的主要申请机构

第七章　国际海洋科技创新态势分析

　　在 2018 年度全球海洋科技监测信息中，选取了若干战略规划及政策性报告，以及代表性的研究成果，对近期海洋研究热点及未来发展态势进行了梳理和分析。

　　总体来看，2018 年海洋科学领域在海洋物理过程、海洋生态系统、海洋环境及海洋技术等方面的研究持续推进，在海平面上升、全球变暖对海洋的影响，极地海洋研究和海洋观测探测技术等方面取得诸多突破。在未来研究布局方面，国际组织和主要海洋国家围绕海洋研究重点方向进行布局。

第一节　重要政策及战略规划

重要政策及战略规划可以为未来全球海洋科技的发展提供方向指引，对了解全球海洋发展态势具有重要意义。2018 年，国际组织和各主要海洋国家新推出了若干研究规划和计划，布局相关研究活动。

一、国际组织

联合国发布《联合国海洋科学十年(2021—2030 年)可持续发展路线图》。鉴于海洋的重要性及其所面临的压力和应对海洋变化挑战的紧迫需求，联合国将 2021～2030 年确定为"海洋科学面向可持续发展的十年"并将启动相应的行动计划[①]。该行动计划将在联合国教育、科学及文化组织(United Nations Educational, Scientific and Cultural Organization, UNESCO, 以下简称联合国教科文组织)主导下开展，旨在促进未来在海洋科技研发计划中的国际协同与合作，以便更好地管理海洋及海岸带资源并降低海事风险。2018 年 2 月，联合国教科文组织发表的《联合国海洋科学十年(2021—2030 年)可持续发展路线图》[②]指出，实现海洋科学的可持续发展需要科学知识储备、基础设施建设及广泛合作的开展。2017 年 12 月，世界气象组织(World Meteorological Organization, WMO)表示将在此次十年行动计划实施前，以及实施过程中提供相关科学决策支持[③]，并于 2019 年启动重要行动计划 OceanObs'19，旨在通过增进观测方与终端用户团体之间的联系和加强区域及国家之间的协作，完善全球海洋观测，积极推动以目标为导向的、同时满足科学与社会需求的海洋观测系统的建设。

海洋空间规划正在走向全球。规划海上人类活动，使其安全、可持续地进行，是实现良好海洋治理的先决条件。2019 年 1 月，联合国教科文组织政府间海洋学委员会和欧洲委员会启动了旨在促进跨境海洋空间规划的新联合倡议——全球海洋空间规划(MSPglobal)[④]。MSPglobal 为期 3 年，呼吁区域专家制定国际跨境规划指南，在西地中海和东南太平洋地区开展试点区域项目，沟通并传播所有结果。

海岸带对全球可持续发展至关重要。2018 年 11 月 15 日，联合国开发计划署(The United Nations Development Programme, UNDP)与大自然保护协会(The Nature Conservancy, TNC)共同发布《基于创新金融机制的海岸带恢复力提升》报告[⑤]，探讨在气候变化背景下，开展基于创新金融机制的全球海岸带地区保护模式。目前全球范围内主要的海岸带保护金融机制包括自然资产保险、区域风险分摊、区域环境保护债券、债务重组 4 种。创新金融机制将为海岸带区域的保护提供重要的资金来源，有助于提升海岸带区域的灾害抵御能力，增强社区恢复力。但上述目标的实现，还需要借助国家及区域尺度良好的生态环境保护政策、精准的生态环境监测数据及各利益相关方的积极参与。

国际海事组织通过船舶业应对气候变化战略。2018 年 4 月 13 日，国际海事组织在伦敦通过一项减少船舶温室气体排放的初步战略，力争 2050 年的温室气体排放总量比 2008 年至少减少 50%，并逐步迈向零碳目标。初步战略规划了国际航运的未来愿景，确定了降低温室气体排放的雄心与指导原则，包括候选的短期、中期和长期的未来措施，以及可能的时间线及其对各成员国的影响。该

---

① UN. UN designates 2021-2030 'Decade of Ocean Science'. http://www.un.org/sustainabledevelopment/blog/2017/12/un-designates-2021-2030-decade-ocean-science/

② Roadmap for the UN Decade of Ocean Science for Sustainable Development. https://en.unesco.org/sites/default/files/ioc_oceandecade_draftroadmap_v5_0.pdf

③ WMO. UN designates Decade of Ocean Science. https://public.wmo.int/en/media/news/un-designates-decade-of-ocean-science

④ Maritime Spatial Planning goes global: IOC-UNESCO and European Commission to develop new international guidelines.http://www.unesco.org/new/en/natural-sciences/ioc-oceans/single-view-oceans/news/maritime_spatial_planning_goes_global_ioc_unesco_and_europe/

⑤ Innovative Finance for Resilient Coasts and Communities. http://www.undp.org/content/undp/en/home/librarypage/climate-and-disaster-resilience-/innovative-finance-for-resilient-coasts-and-communities.html

战略还确定了保护和支持措施，包括能力建设、技术合作、研究与开发。

国际组织为应对东北大西洋渔业管理的气候挑战提出建议。2018 年 1 月 1 日，环境保护基金（Environmental Defense Fund，EDF）和国际海洋考察理事会（International Council for the Exploration of the Sea，ICES）发布题为《东北大西洋渔业管理和治理的气候相关影响》的报告①，该报告显示，受气候变化影响，东北大西洋包括鱼类物种的分布范围、丰度和生产力等在内的渔业资源正在加速变化。但目前东北大西洋渔业管理机构还未就渔业管理变革做好充分的准备。为此，该报告提出了以下建议，旨在帮助东北大西洋地区应对渔业管理的气候变化挑战：制定合理的配额捕捞制度；提高对科学的信任；通过提高区域机构渔业管理能力引导变革；使用"基于生态系统的渔业管理方法"支持更加灵活的管理。

WMO 不断加强极地观测与灾害预警系统建设。2018 年 11 月 16 日，WMO 宣布在南极开始为期 3 个月的"极地预测年"特殊观测期，将通过改善条件，加强对北极和南极的预报来提升环境安全②。该特殊观测期是"极地预测计划"（Polar Prediction Project，PPP）的一部分，旨在通过密集观察、模拟、验证、用户参与和教育活动，大幅提高极地及其他地区的环境预测能力。11 月 27 日，WMO 宣布启动旨在强化加勒比地区多灾害早期预警系统建设的行动计划《强化加勒比地区水文—气象及早期预警服务》。

二、美国

为了确保美国海洋的经济和战略利益，美国有关部门和机构发布了一系列规划和报告。

5 月 21 日，美国进步中心发布《蓝色未来：梳理中美海洋合作的机遇》③，通过美中海洋对话确定了两国在海洋资源管理和可持续发展方面的合作途径。为了向未来的海洋管理科学和政策注入可持续、生态安全和经济发展的精神，与会者就中美两国如何能更有效地合作提出以下建议：建立双边关系；加强中国制度能力建设；建立一个专门的、活跃的海洋科学合作项目成果交流中心；就海洋问题保持一定形式的政府间对话；创建关于海洋合作的单独、强有力且连贯一致的方式。

10 月，国际珊瑚礁学会发布了的《珊瑚礁保护战略规划》④，确定了减少珊瑚生态系统的三大威胁即"气候影响""不可持续的捕捞"和"陆基污染源"的方法，并纳入了一个新的工作重点——珊瑚种群恢复。该战略规划列出了保护珊瑚礁生态系统的重点事项：增强应对气候变化的能力；改善渔业可持续性；减少陆源污染；恢复珊瑚种群。

11 月，美国国家科学技术委员会发布《美国国家海洋科技发展：未来十年愿景》⑤，确定了2018～2028 年海洋科技发展的迫切研究需求与发展机遇，提出美国国家海洋科技未来十年发展目标，包括了解地球系统中的海洋；促进经济繁荣；确保海上安全；保障人类健康；发展有弹性的沿海社区。未来研究机遇主要聚焦在以下 5 个重点方面：将大数据方法完全整合到地球系统科学中；提高监测和预测建模能力；改进决策支持工具中的数据集成；支持海洋勘探和描述；支持正在进行的研究与技术合作。

11 月 19 日，英国自然环境研究理事会（Natural Environment Research Council，NERC）和美国国家科学基金会（National Science Foundation，United States，NSF）宣布资助 2000 万英镑，支持开展为

---

① Climate-related Impacts on Fisheries Management and Governance in the North East Atlantic.https://www.edf.org/sites/default/files/documents/climate-impacts-fisheries-NE-Atlantic_0.pdf
② Special Observing Period Begins in Antarctic.https://public.wmo.int/en/media/news/special-observing-period-begins-antarctic
③ Blue Future: Mapping Opportunities for U.S.-China Ocean Cooperation. http://oceanleadership.org/blue-future-mapping-opportunities-for-u-s-china-ocean-cooperation/
④ NOAA Coral Reef Conservation Program Strategic Plan.https://www.icriforum.org/sites/default/files/noaa_19419_DS1.pdf
⑤ Science and Technology for America's Oceans: A Decadal Vision. https://www.whitehouse.gov/wp-content/uploads/2018/11/Science-and-Technology-for-Americas-Oceans-A-Decadal-Vision.pdf

期 5 年的南极实地考察,旨在了解西南极洲的思韦茨冰川(Thwaites Glacier)对全球海平面的贡献[①]。该研究合作涉及 100 多名科学家和支撑人员,是 70 多年来最大的南极联合研究任务之一。这项为期 5 年的计划于 2018 年 11 月开始,一直持续到 2023 年。即将开始的野外观测季,将在海上、空中和冰上进行一系列科学调查。

三、欧洲

为应对日益严峻的塑料污染特别是海洋塑料污染,2018 年 1 月 16 日,欧洲委员会发布《欧洲循环经济中的塑料战略》[②]。该战略提出了欧盟层面需要采取的具体行动,旨在到 2030 年消除不可回收的塑料,措施包括:提高塑料回收的经济性和质量;控制塑料垃圾;停止在海上乱扔垃圾;推动向循环解决方案转变的创新和投资;利用全球行动。该战略将改变产品设计、生产、使用和回收的方式,其目标是保护环境,同时为新的塑料经济奠定基础,在新塑料经济中,塑料设计和生产将充分考虑再利用和再循环的需求,开发更可持续的材料。

3 月 21 日,英国发布《预见未来海洋》[③]报告,从海洋经济发展、海洋环境保护、全球海洋事务合作、海洋科学 4 个方面分析阐述了英国海洋战略的现状和未来需求。报告指出应充分发挥相关科技能力,实现英国的海洋利益,并为英国在全球的领导地位提供支撑。

7 月,英国自然环境研究理事会(NERC)宣布未来 5 年将投资 2200 万英镑用于气候相关的大西洋科学研究项目(CLASS)[④]。项目计划提供从海洋表面到深海海底的数据、模型和技术,帮助了解气候变化和人类活动对大西洋海洋环境的影响。CLASS 项目的实施将支持一系列广泛的大西洋研究行动,并且开发和部署世界领先的设备,包括尖端的海洋机器人平台和传感器,以及最先进的海洋模拟和卫星遥感。CLASS 项目将汇集来自英国主要海洋科学研究所已经取得的综合专业知识,在对全球海洋观测系统贡献的基础上,提供一个综合项目来评估气候变化的影响,以便预测未来海洋环境的演变,采取有效的保护措施,还将创建有效的参与活动,确保学术合作伙伴通过学生培训建立合作关系,具备舰载、实验室和自主设施及建模能力。

10 月,法国国家科研中心等机构评估了 13 项应对气候变化的海洋解决方案的潜力[⑤],包括以下4 个主题:减少气候变化的措施,如开发可再生的海洋能源,或恢复和保护海洋植物以捕获和储存碳;通过建立海洋保护区、减少污染和禁止过度开采资源等方式保护生态系统;通过改变云层或海洋反射率来保护海洋免受太阳辐射的影响;直接改变物种的生物和生态适应性,如通过物种迁移。海洋解决方案倡议团队认为,目前所提及的各种解决方案并非肯定是现实、有效和适当的,但确实是值得政府和社会共同研究的具体行动。许多全球性措施仍然缺乏足够的科学支持,因此采取措施前应慎重考虑。

11 月,NERC 和英国生物技术与生物科学研究理事会共同发起英国水产养殖计划,以应对英国水产养殖面临的战略挑战[⑥]。水产养殖是英国重要的食品生产部门。这些水产养殖计划下的项目将促进英国研究人员对水产养殖生产目前所面临的挑战的认识。通过与行业伙伴合作,英国研究人员将帮助应对这些挑战,并为发展健康、安全和可持续的水产养殖系统做出贡献,为英国带来社会和经济效益。

---

① Ambitious UK-US Antarctic research mission begins.https://nerc.ukri.org/press/releases/2018/52-thwaites/
② A European Strategy for Plastics in a Circular Economy
③ Foresight Future of the Sea. https://www.gov.uk/government/collections/future-of-the-sea
④ NERC invests £22M in major new research programme focused on the Atlantic Ocean. http://noc.ac.uk/news/nerc-invests-%C2%A322m-major-new-research-programme-focused-atlantic-ocean
⑤ Thirteen ocean solutions for climate change.http://www2.cnrs.fr/en/3157.htm
⑥ £5.1 million UKRI funding for UK aquaculture research and innovation. https://nerc.ukri.org/press/releases/2018/51-ukaquaculture

四、其他国家和地区

2018 年 2 月 20 日，日本基金会宣布"海底 2030 项目"全面投入运营[①]，计划于 2030 年完成全球海底深度地图绘制。覆盖全面的海底地图可以有效地防止污染、保护海洋环境、预测海啸波的传播，并有助于报告潮汐和海浪行动研究，另外还有助于搜索和救援行动。"海底 2030 项目"将为联合国可持续发展第 14 号目标——"保护和可持续利用海洋和海洋资源，促进可持续发展"，以及 2017 年 12 月联合国教科文组织宣布的"海洋科学促进可持续发展的十年"规划做出重大贡献。

5 月，日本的《海洋基本计划》发布，将海洋政策重点从海洋资源开发调整至海洋安全保障领域。主要体现在两个方面：一是强调日本周边海域安保形势及日本海洋权益受到威胁，为这一政策的转变寻找理由；二是在文件中写入加强海洋安保力量建设的具体措施，借此进一步配合与落实其海洋政策的重要转变。

6 月，澳大利亚海洋科学研究所（Australian Institute of Marine ScienceAIMS）发布《北部地区海洋科学计划》[②]，以确保澳大利亚北部地区的海洋科学研究成果能够推广应用。报告对北部地区面临的完整和健康的生态系统需求、工业化与人口快速增长、社会经济发展、国防和战略需求、自然保护倡议日盛、气候变化及监管框架的逐步完善等所形成的多重压力也进行了详细的分析，指出在不久的将来北部地区对海洋科学知识的需求将会变得更加迫切，并从不同的领域对相关海洋科学知识需求进行描述性分析，做出相应的解答。

第二节　热点研究方向

在对 2018 年度全球海洋研究论文进行梳理后，遴选出 7 个重要的研究热点领域和方向：海洋物理过程研究、海洋酸化研究、海洋塑料污染研究、海洋灾害研究、海洋生态研究、极地海洋研究、海洋新技术研发与应用。

一、海洋物理过程研究

来自数十个研究机构的合作研究发现，全球海平面正在以每年 3.1mm 的速度快速升高[③]。英国国家海洋学中心（National Oceanography Centre，NOC）研究发现，若全球升温没有控制在工业化前期的 2℃ 以内，预计到 2100 年海平面上升所造成的洪水会使全球每年损失 14 万亿美元[④]。英国林肯大学等机构研究指出，如不采取行动保护沿海湿地，2100 年全球 30%的沿海湿地可能会消失[⑤]。

美国国家大气研究中心等机构的研究表明，随着全球气候变暖，厄尔尼诺/南方涛动（El Niño-Southern Oscillation，ENSO）对温度、降水和森林火灾的影响将加剧[⑥]。美国国家航空航天局（National Aeronautics and Space Administration，NASA）等机构研究人员的研究指出，强厄尔尼诺事件会造成南极冰架严重的冰层损失，而在强拉尼娜现象下则相反[⑦]。挪威比约克内斯气候研究中心等机构的研究

---

① Project to map ocean floor by 2030 now operational. http://www.unesco.org/new/en/media-services/single-view/news/project_to_map_ocean_floor_by_2030_now_operational/

② Northern Territory Marine Science.https://www.aims.gov.au/documents/30301/2158405/NTMSEUNA+-+FINAL_20180615_for_web.pdf/0e6cce88-fea4-4ede-b9c5-0562d433ad83

③ Global Sea-level Budget 1993–present.https://www.earth-syst-sci-data.net/10/1551/2018/essd-10-1551-2018.pdf

④ Rising sea levels could cost the world $14 trillion a year by 2100.http://noc.ac.uk/news/rising-sea-levels-could-cost-world-14-trillion-year-2100

⑤ Future response of global coastal wetlands to sea-level rise.https://www.nature.com/articles/s41586-018-0476-5

⑥ ENSO's Changing Influence on Temperature, Precipitation, and Wildfire in a Warming Climate.https://agupubs.onlinelibrary.wiley.com/doi/10.1029/2018GL079022

⑦ New Study Reveals Strong El Niño Events Cause Large Changes in Antarctic Ice Shelves.https://scripps.ucsd.edu/news/new-study-reveals-strong-el-ni%C3%B1o-events-cause-large-changes-antarctic-ice-shelves

结果表明，厄尔尼诺事件影响 11 月欧洲大部分地区的气候变化[①]。

2018 年 1 月 3 日，美国斯克里普斯海洋研究所(Scripps Institution of Oceanography，SIO)联合日本国立极地研究所等机构研究发现，在末次冰期过渡期，全球平均海表温度上升了 2.57℃左右[②]。美国科罗拉多大学科研人员领导的研究团队指出，劳伦太德冰盖大幅减少，该冰盖在末次冰期曾覆盖了北美大部分地区，导致热带太平洋和西南极地区出现明显的气候变化[③]。

由伦敦大学学院和伍兹霍尔海洋研究所领导的最新一项研究证明，全球海洋环流系统自 19 世纪中期以来已经不再以最高强度运行，目前处于 1600 年以来的最低点[④]。美国得克萨斯大学奥斯汀分校的研究人员发现大西洋洋流变化与陆地降水之间的关联性，并且这种关联性已经存在数千年，这一重要发现将有助于科学家认识和理解地球历史气候过程控制要素如何影响现在和未来气候[⑤]。

二、海洋酸化研究

沿海海水吸收了更多的 CO_2。2018 年 1 月 31 日，比利时布鲁塞尔自由大学、美国特拉华大学等机构的研究人员在 *Nature Communications*[⑥]发文指出，沿海地区的海水吸收了更多的 CO_2。这一发现可以帮助科学家了解在限制全球变暖的同时还能释放多少 CO_2。研究人员利用 1980～2015 年观测的大陆架二氧化碳分压(pCO_2)历史数据，计算沿海地区 CO_2 浓度的全球趋势。研究结果表明，随着越来越多的 CO_2 进入大气，全球海洋吸收了过多的 CO_2，储存了约 30%来自人类活动的 CO_2 排放。虽然海洋中 CO_2 的数量以与大气相同的速度增加，但这些 CO_2 的浓度在沿海海域的增长速度却越来越慢。这是因为沿海的海洋比外海浅，可以迅速将 CO_2 转移到深海，让海洋吸收和储存更多的 CO_2。从这个意义上说，海洋起到了缓冲的作用，减少了大气中温室气体的积累，从而减缓了全球变暖。然而，这一过程也增加了海水的酸度，并会影响海洋生物和海洋生态系统的健康。

海洋酸化可能导致海洋扇贝业产值下降。据统计，渔民每年在美国东岸海域通过捕捞扇贝获得的产值超过 5 亿美元。2018 年 9 月，伍兹霍尔海洋研究所创建的新模型显示这种渔业未来可能存在风险。随着大气中 CO_2 含量的增加，上层海洋变得越来越酸，在最坏的情况下，未来 30～80 年海洋扇贝数量将减少 50%以上。模型显示，气候政策导致的化石燃料排放减少可能对海洋扇贝业造成重大影响。在所有的预测情景中，尽管采用了更严格的管理措施，甚至完全关闭了部分海洋扇贝业，大气中高浓度的 CO_2 仍然导致海洋酸化增加和海洋扇贝数量减少。研究强调了大气中碳排放量对海洋扇贝的潜在风险以及其他商业贝类捕捞的影响，强有力的渔业管理和减少 CO_2 排放的措施可能会减缓或阻止 CO_2 导致海洋酸化增加和海洋扇贝数量减少。

海洋植物有助于缓解海洋酸化。2018 年 1 月 22 日，美国加利福尼亚大学欧文分校(UCIIrvine)生态学家在 *Science Report* 期刊发表最新研究成果[⑦]，提出浅水海岸生态系统中的海洋植物和海藻在降低海洋酸化影响方面发挥的关键作用，这对未来解决海洋酸化问题具有重要意义。UCI 生态学家在太平洋海岸的最新研究发现，海洋植物和海藻可以通过光合作用降低周围环境的酸度。研究结果表明，维持原生海水植被可以局部减轻 CO_2 水平升高对海洋 pH 敏感的海洋动物的酸化效应。研究

① Importance of Late Fall ENSO Teleconnection in the Euro-Atlantic Sector.https://journals.ametsoc.org/doi/10.1175/BAMS-D-17-0020.1

② Mean Global Ocean Temperatures During the Last Glacial Transition.https://www.nature.com/articles/nature25152

③ Southern Hemisphere climate variability forced by Northern Hemisphere Ice-sheet topography. https://www.nature.com/articles/nature24669

④ Atlantic Ocean Circulation at Weakest Point in 1,600 years.http://www.whoi.edu/news-release/atlantic-ocean-circulation-at-weakest-point%20in-more-than-1500-years

⑤ Pronounced centennial-scale Atlantic Ocean climate variability correlated with Western Hemisphere hydroclimate. Nature Communications, 2018, doi:10.1038/s41467-018-02846-4

⑥ Continental shelves as a variable but increasing global sink for atmospheric carbon dioxide.https://www.nature.com/articles/s41467-017-02738-z

⑦ Biophysical feedbacks mediate carbonate chemistry in coastal ecosystems across spatiotemporal gradients. https://www.nature.com/articles/s41598-017-18736-6

人员 Sorte 指出其研究的海岸线跨越大约 1000mile[①]，结果表明海洋生物是改变当地 pH 的主要因素。基于研究结果，研究人员建议在海岸线栖息地以及捕捞海产品处保留海洋植物和海藻。现任加利福尼亚州立大学北岭分校生物系的助理教授 Silbiger 认为，海洋酸化给环境和经济造成的损失不可估量，减少 CO_2 排放量仍是保护海洋生态系统的首选方法，但海洋生物也对海岸 pH 有实质性的影响。

三、海洋塑料污染研究

海洋塑料垃圾已遍及世界上最偏远的地区。来自智利和德国的研究人员通过采集世界上最偏远的地区——复活节岛和南美洲之间南太平洋的水样，分析了将近 100 种不同物种受到塑料污染的影响[②]。这项研究的主要作者——来自智利的 Martin Thiel 博士指出，他们在复活节岛周围和智利海岸 2000km 以外的海区发现了高浓度塑料（微粒）。研究人员发现，海洋生物被渔网缠绕的现象在洪堡海流中比在公海中出现得更加频繁，而在公海中，较小的塑料颗粒更加聚集。研究结果进一步表明，这些颗粒普遍集中于亚热带环流地区。科学家调查了来自东南太平洋的近 100 种不同的海洋生物从海洋中摄取塑料的现状，包括 20 种鱼、50 多种海鸟和将近 20 种海洋哺乳动物。研究合作者之一、德国亥姆霍兹基尔海洋研究中心（GEOMAR）的 Nicolas Ory 博士说："海洋生物体内存在各种各样的塑料垃圾，有些塑料颗粒的浓度高得惊人。"海洋垃圾问题是全球性的，目前世界上最偏远的地区已经遭受到塑料污染。

研究人员在大堡礁鱼类中发现了微塑料和其他人造纤维残渣。澳大利亚海洋科学研究所（AIMS）的研究人员在 *Scientific Reports* 上发表文章，首次报道了世界遗产海域野生捕获的商业鱼类中存在微小碎片。研究人员从 Lizard、Orpheus、Heron 和 One Tree Islands 等地的珊瑚礁上收集了 20 只幼珊瑚鳟鱼，其中 19 只幼珊瑚鳟鱼的胃肠道中发现了 115 种人造碎片。AIMS 海洋生态学家 Frederieke Kroon 博士表示，94% 的鳟鱼体内发现的塑料凳人造碎片是半合成和天然衍生材料的混合物，而只有 6% 是合成材料。研究人员首先在视觉上将海洋碎片与肠道内容物分离，然后在 AIMS 实验室进行检查，科学家使用最新的光谱技术寻找具有聚合物成分的材料。作为研究的一部分，AIMS 研究人员开发了一个系统，可以将摄入的海洋微小组分清楚地识别和分类为三组：合成品、半合成品和天然衍生物品。Kroon 博士指出，他们的研究应用这种新分类表明人造物品，如人造纤维（一种半合成品）比聚酯塑料更容易在鱼体内累积。这种新的分类将提高科研人员对微塑料摄入与其他人造碎片摄入的认识。未来，科学家希望这种分类系统有助于评估摄入物质对鱼类健康及人类消费者的潜在风险。

微塑料成为陆地生态系统的新威胁。2018 年 1 月 31 日，德国柏林自由大学（Freie Universität Berlin）、莱布尼茨淡水生态和内陆渔业研究所（Leibniz-Institute of Freshwater Ecology and Inland Fisheries）等机构的研究人员[③]梳理了微塑料对陆地生态系统影响的相关研究，指出虽然关于微塑料对陆地生态系统的影响只进行了很少的研究，但这些研究均发现塑料碎片几乎遍布世界各地，可能引发多种不利影响。微塑料也会对陆地生物造成威胁，可能造成与海洋类似甚至更多的问题。微塑料在土壤、沉积物和淡水中的影响可能会对全球陆地生态系统产生长期的负面影响，是一种对陆地生态系统的新兴威胁。

英国开始调查公海上垃圾和塑料污染情况。2018 年 5 月 18 日，英国国家海洋学中心（NOC）宣布开始着手调查人类在公海上的影响，回答从海面到海底开放区域潜在的环境和生态压力如何对海

---

① 1mile=1.609 344km
② Marine litter in remote regions of the oceans—Chilean-German researchers show impressive effects on the marine ecosystem. https://www.geomar.de/en/news/article/meeresmuell-in-entlegensten-regionen/
③ Microplastics as an emerging threat to terrestrial ecosystems.http://onlinelibrary.wiley.com/doi/10.1111/gcb.14020/full

洋产生影响等问题，并在公海上详细测量垃圾和塑料的堆积情况[1]。在 NOC 的带领下，船队将使用各种各样的工具包括固定在浮动浮标上的仪器、专门的沉积物捕获器等来收集海水中下沉的沉积物粒子，以及水下 3mile 处的海底样品。研究人员将使用这些沉积物捕获器和采样器来测量水柱和海底沉积物中的微塑料。在采样过程中除了采集 NOC 独特的长期样本外，还将提供目前远离海岸的塑料分布的常规变化情况。研究人员指出在世界各地的海洋中都发现了大量的塑料制品，但是对其在海洋中的分布密度、塑料的种类，以及在海洋过程(如潮汐、洋流等)及生态系统中的运输等研究较少，为了解这种塑料制品可能造成的危害，更好地了解并控制其分布和运输等变得极为必要。

四、海洋灾害研究

频繁的海洋风暴严重影响海藻森林生态系统。弗吉尼亚大学(University of Virginia)和加利福尼亚大学圣塔芭芭拉分校(University of California, Santa Barbara)的一项最新研究[2]表明，频繁的海洋风暴严重影响了加利福尼亚州沿岸的海藻森林生物多样性，相关研究成果已经发表于 *Ecology* 杂志上。研究人员发现干扰的频率是影响海藻森林生物多样性的最重要因素，而严重程度相对起着次要作用，干扰的严重程度和频率以不同的方式影响海藻床群落。研究人员在圣塔芭芭拉沿岸海藻森林中，每 3 个月对 200 多种植物、无脊椎动物、鱼类进行计数和测量，为期 9 年。结果发现在严重的冬季暴风和巨浪侵袭期间，海藻森林逐年减少，而附着在海底的小型植物和无脊椎动物(藻类、珊瑚、海葵、海绵等)增多，鱼类和贝类(如蛤蜊、海胆、海星、龙虾和螃蟹)减少 30%～61%。更频繁的风暴会影响海藻森林的恢复，最终导致海洋生态系统的巨大变化。

CO_2 泄漏将彻底改变海底生态系统。德国马克斯普朗克海洋微生物学研究所、比利时根特大学等机构的研究[3]分析了西西里岛(Sicilia)海岸附近 CO_2 泄漏对海底栖息地及其居民的影响，指出西西里岛附近海底 CO_2 泄露彻底改变了整个海底生态系统，已导致海底生态系统的功能被长期扰乱。研究结果显示：①高 CO_2 通量提高了碳酸盐、硅酸盐等沉积物的溶解性，使矿质营养物质增加，进而促进了小型水藻生物量的迅速增加。②尽管食物供应量得到了提高，但栖息在海底沙床上的动物的生物量和多样性随着 CO_2 浓度的增加正在大幅下降。其中，动物的生物量降低了 20%，并且大多数居住在该沙床上的原始居民因无法适应长期变化的环境条件已逐渐消失。③随着 CO_2 的增加，海底微生物的数量并没有减少，但微生物群落已转变为主要由异养菌和硫酸盐还原菌组成，微生物群落的结构和功能发生了很大变化。建议国际社会将碳捕集与封存(carbon capture and storage，CCS)的环境风险考虑在内，以免对生态系统造成重大影响。

洪水频率增加威胁美国东海岸沿海公路。2018 年 3 月 13 日，新罕布什尔大学(University of New Hampshire)研究人员[4]分析了美国东部沿海地区易受涨潮洪水影响的道路基础设施的类型和范围，以及海平面上升对现在和未来交通的影响。研究表明过去 20 年中，美国东海岸道路受洪水泛滥的影响较以往增加了 90%，造成相关社区的道路无法通行，致使交通压力增加，给货物运输带来严重影响。在季节性涨潮和小风浪事件期间，沿海公路出现涨潮洪水的频率最高，潮汐洪水威胁着美国东海岸超过 7500mile 的道路，其中超过 400mile 是州际公路。这些路段预计每年会导致超过 1 亿 h 的交通延误，到 2100 年这个数字可能会增加到 34 亿 h。研究人员预测 21 世纪中叶(2056～2065 年)伴随海

---

① NOC scientists set sail to investigate human impacts in the open ocean. http://noc.ac.uk/news/noc-scientists-set-sail-investigate-human-impacts-open-ocean

② Increasing frequency of ocean storms alters kelp forest ecosystems. https://www.nsf.gov/discoveries/disc_summ.jsp?cntn_id=296516&org=NSF&from=news

③ CO_2 leakage alters biogeochemical and ecological functions of submarine sands. http://advances.sciencemag.org/content/4/2/eaao2040/tab-pdf

④ Recent and Future Outlooks for Nuisance Flooding Impacts on Roadways on the U.S. East Coast. http://journals.sagepub.com/doi/10.1177/0361198118756366

平面上升带来的影响，康涅狄格州、新泽西州、马里兰州、华盛顿哥伦比亚特区、北卡罗来纳州和佛罗里达州等特定海岸地区几乎每天都会发生洪水。

五、海洋生态研究

深海珊瑚礁同样受到海洋变暖的巨大威胁。斯克里普斯海洋研究所(SIO)的科学家利用长达近20年的数据集(包括海平面的变化、海水表层温度，以及介于海水表层和中光区之间的温度)，开发了一种预测工具，以确定太平洋帕劳群岛附近礁岛的珊瑚对温度压力的感知能力[①]。观测结果显示，在海水深层，尤其是浅礁的周围，温度愈高珊瑚白化愈加明显。即使在深海，珊瑚也会暴露在热应力作用之下。研究人员希望这些成果可以引发更广阔范围的温度压力调查研究，以便更好地了解帕劳和其他热带地区的中光区。

德国亥姆霍兹学会吉斯达赫特材料与海岸研究中心与日本海洋与地球科学技术研究所的科学家发现，海洋中浮游植物的多样性是维持海洋生态系统整体生产力和恢复力的关键因素[②]。为了模拟浮游生物在北太平洋不同地区的生长环境，科学家新开发了一种连续性状分布的浮游植物群落特征模型，使得在营养缺乏时仍能生长良好的物种与那些需要丰富养料滋养才能良好生长的物种在不同环境条件下竞争，以此来验证不同地区不同环境条件下生物多样性与生产力之间的关系。研究证明，多样性对生产力的影响在很大程度上取决于群落大小和功能两个主要影响因素之间的平衡关系。在动态环境中，浮游植物群落大小和功能的多样性有助于它们在不断变化的环境条件下维持一致的生产力。相比之下，在静态环境中，竞争性排斥会缩小浮游植物群落类型的分布范围，进而导致最具生产力的浮游植物群落的多样性降低。

亚洲太平洋经济合作组织气候中心联合沙特阿拉伯阿卜杜拉国王科技大学等机构的研究证实了DNA 甲基化与脊椎动物气候变化的跨代适应之间存在联系[③]。表观遗传是母代动物可能影响后代环境适应能力的潜在机制。研究人员通过对在不同温度环境中的橙线雀鲷肝基因组进行测序，确定了2467 个差异的甲基化区域和1870 个响应较高温度的相关基因。在这些基因中，193 个与跨代适应表型性状有氧范围、胰岛素应答、能量平衡、线粒体活性、氧耗和血管生成功能等显著相关。这些基因在鱼类适应气候变暖方面发挥着关键作用。

英国南极调查局(British Antarctic Survey，BAS)的科研人员研究了气候变暖对960 多种海洋无脊椎动物的潜在影响，指出79%的南极洲特有海洋物种受到海洋升温的威胁，在这些物种的栖息地中，生存和繁殖的面积平均减少了 12%[④]。该发现表明物种和地区最有可能受气候变暖影响而发生巨大(消极和积极)变化，因此研究结果对该地区生态系统的未来管理具有重要意义。为了模拟全球变暖的气候条件，科学家通过由联合国政府间气候变化专门委员会(Intergovernmental Panel on Climate Change，IPCC)建立的 19 个气候模型进行研究。在所有的气候变化模型中，造成最大影响的是 21世纪温室气体的持续排放。

六、极地海洋研究

南极冰盖的融化导致海平面上升速度在过去 5 年增加了 3 倍。2018 年 6 月 13 日，"冰盖质量平衡相互比较"(Ice Sheet Mass Balance Inter-comparison Exercise，IMBIE)大型气候评估项目在 *Nature*

---

① Scientists Find Corals in Deeper Waters Under Stress Too. https://scripps.ucsd.edu/news/scientists-find-corals-deeper-waters-under-stress-too?tdsourcetag=s_pcqq_aiomsg

② Scientists reveal the relationship between phytoplankton size diversity and productivity in the changing oceanic environment. http://www.jamstec.go.jp/e/about/press_release/20181018/

③ The epigenetic landscape of transgenerational acclimation to ocean warming. https://www.nature.com/articles/s41558-018-0159-0.pdf

④ More losers than winners for Southern Ocean marine life in a warmer future.http://www.unesco.org/new/en/natural-sciences/ioc-oceans/single-view-oceans/news/more_losers_than_winners_for_southern_ocean_marine_life_in_a/

发表题为《1992—2017 年南极冰架的质量平衡》的文章[1]，来自 44 个国际组织的 84 名科学家结合 24 项卫星观测进行评估，得到了迄今为止最完整的南极冰盖变化图景。研究结果表明，自 1992 年以来，南极冰盖的融化使全球海平面上升了 7.6mm，其中 2/5 的海平面上升（约 3.0mm）发生在过去 5 年。南极大陆冰的损失是由西南极洲和南极半岛的冰川损失加速，以及东南极洲冰盖增长减少共同造成的。西南极洲的变化最大，冰川损失从 20 世纪 90 年代的每年 530 亿 t 增加到 2012 年以来的每年 1590 亿 t。其中，大部分冰川损失来自派恩岛（Pine Island）冰川和思韦茨冰川，那里由于海冰融化而迅速退缩。在非洲大陆北端，南极半岛的冰架崩塌导致自 21 世纪初以来每年冰川损失增加 250 亿 t。东南极洲冰盖在过去 25 年保持近平衡状态，平均每年仅增加 50 亿 t 冰。

科学家发现南极冰盖下存在巨大山脉。2018 年 5 月，*Geophysical Research Letters* 刊文[2]指出，在南极大陆深达数千米的冰层下隐藏着规模巨大的山脉，绵延上千公里，并将较小的西南极冰盖与隐藏在冰层下的巨大东南极冰盖连接起来。这一发现意义重大，不仅为科学家在南极地区的科研开辟了重要路径，也有助于深入了解冰层下的地势是如何影响冰川运移的。科学家利用冰探雷达得到了南极地区冰层下的地势景观图，看似平坦的南极冰漠深处实际上是地势极其复杂的沟谷地貌。其中，连接东西部两大冰区的 3 个峡谷最为引人注目，3 个峡谷分别为 Foundation Trough、Patuxent Trough 和 Offset Rift Basin。其中 Foundation Trough 峡谷规模最大，长达 350km，宽度超过 32km；另外两个峡谷的长度则分别为 320km 和 150km。科学家表示，全球海平面可能因这 3 个峡谷而大幅上升。计算机模拟结果显示，新发现的峡谷地势可以阻止流经西南极地区的冰川进入海岸。但由于全球温度升高，冰盖变薄，这些山谷和山脉可能会使内陆冰川流向南极洲边缘的速度大大加快，导致全球性的海平面上升。

南极洲底部存在地热能。2018 年 11 月 14 日，来自英国、挪威和丹麦的国际研究团队在 *Scientific Reports* 发文[3]指出，在南极洲东部有一个巨大的地热能来源。科学家在南极附近发现了一个冰盖基底迅速融化的区域。利用雷达观察了 3km 的冰厚，研究小组发现，大约伦敦面积两倍的区域似乎缺失了。该团队认为，放射性岩石和从地壳内部喷出的热水是造成这种额外融化的原因。这种热量融化了冰盖的底部，产生了融化的水。这些额外的水的存在促使该区域的冰快速流动。

国际研究团队成功绘制了南极洲冰下部分 3D 影像。2018 年 11 月 5 日，来自德国基尔大学（University of Kiel）和英国南极调查局的国际科学家团队根据地球重力场（Gravity Field）卫星及重力场和稳态海洋环流探测器（GOCE）的数据，绘制出了南极洲冰下部分区域的准确 3D 地图。该成果发表在 *Scientific Reports* 上[4]。这一研究结果揭示了南极洲 2 亿年来不为人知的地质史。利用 GOCE 的观测数据，研究小组能够发现南极洲东部冰盖下面古老的稳定地块，并将它们与该地区过去相邻的印度和澳大利亚连接起来。相比之下，南极洲西部的岩石圈较薄，缺少这种巨大的稳定地块。

末次冰期北半球冰盖形貌的变化导致南极气候发生变化。2018 年 2 月 5 日，美国科罗拉多大学（University of Colorado）科研人员领导的研究团队，利用激光吸收光谱法分析采自西南极冰盖（West Antarctic Ice Sheet，WAIS）冰芯的水中同位素数据，研究南半球每年的气候差异。该团队在 *Nature* 发文[5]指出，末次冰期（距今约 16 000 年前）覆盖了当今北美大部分地区的劳伦蒂德冰盖（Laurentide Ice Sheet）大幅减少，导致热带太平洋和西南极地区出现明显的气候变化。研究结果表明，西南极地区在约 16 000 年前经历了显著的年际气候变化。南半球高纬度地区末次盛冰期的年际和年代际气候

① Mass balance of the Antarctic Ice Sheet from 1992 to 2017. https://www.nature.com/articles/s41586-018-0179-y

② Topographic Steering of Enhanced Ice Flow at the Bottleneck Between East and West Antarctica. https://agupubs.onlinelibrary.wiley.com/doi/10.1029/2018GL077504#grl57408-fig-0001

③ Anomalously high geothermal flux near the South Pole. https://www.nature.com/articles/s41598-018-35182-0#author-information

④ Earth tectonics as seen by GOCE - Enhanced satellite gravity gradient imaging. https://www.nature.com/articles/s41598-018-34733-9

⑤ Southern Hemisphere climate variability forced by Northern Hemisphere ice-sheet topography. https://www.nature.com/articles/nature24669

变率是较温暖的全新世(过去 11 700 年)的近 2 倍,这些变化并非由全球变暖或从赤道到北极的气温梯度直接导致的,而是由北半球冰盖消融以至于全球大气循环改变引起的。研究结果揭示,南北半球高纬度地区的气候存在紧密关联,热带作为南北半球之间的气候"中介"发挥着关键作用。

科研人员发现北极快速变暖的惊人证据。2018 年 1 月 3 日,*Science Advances* 杂志上题为《流向北冰洋中部的陆架材料通量增加》的文章[①]指出,大陆架中的物质正在源源不断地向北冰洋中部输入,这将改变北冰洋海水组成,进而威胁生物活动和物种延续。由美国伍兹霍尔海洋研究所科研人员领导的研究小组,于 2015 年夏季在 Healy 号破冰船上进行了为期两个月的航行,并对从北冰洋西部边缘到北极的 69 个地点进行了镭测量。研究结果表明,2007 年以来,在北冰洋中部的地表水中海水 ^{228}Ra 的浓度几乎增加了 1 倍。^{228}Ra 的质量平衡模型表明,增加的 ^{228}Ra 来自俄罗斯东西伯利亚北极大陆架的沉积物。该处大陆架相对较浅,含有大量的 ^{228}Ra 和其他化合物。研究人员推测,靠近北冰洋海岸的海冰逐渐减少,使得海岸附近的海水变得更加开阔,有利于海浪的形成。增加的波浪向下活动,搅动浅层大陆架上的沉积物,释放 ^{228}Ra 和其他化学物质,这些物质被携带到海洋表面,并通过洋流冲入公海。同样的机制也可能会使更多的营养物质、碳和其他化学物质进入北冰洋,促进食物链底部浮游生物的生长。这反过来又会对鱼类和海洋哺乳动物产生重大影响,并且改变北极的生态系统。

未来北极海冰损失将更多地发生在冬季。2018 年 3 月 27 日,挪威卑尔根大学 Bjerknes 气候研究中心的研究人员[②]基于 1950 年以来的观测资料,通过研究海冰浓度,评估了全年北半球海冰范围在过去、现在和未来的变化。研究指出,北极海冰连续 4 年达最低值,北极海冰损失越来越多地发生在冬季。自 1950 年以来,夏季与冬季海冰变化和损失明显的区域在总体上一直保持一致。随着这些冰雪覆盖的地区变成季节性无冰,未来的海冰损失将由冬季主导。喀拉海在 2017 年 9 月成为第一个从多年冰雪覆盖的海洋变为无冰的海洋。根据目前观测到的趋势,预计到 21 世纪 20 年代,北极大陆架海洋将处于季节性无冰状态,而季节性冰雪覆盖海域将进一步向南延伸,到 21 世纪 50 年代,将变为全年无冰状态。

七、海洋新技术研发与应用

英国 NOC 的创新型海洋机器人(ecoSUB)在苏格兰北部的奥克尼群岛完成试验任务[③]。这种新型微型水下机器人试验的完成能有效帮助了解海洋自主水下系统的能力,将有可能改变海事领域的数据收集现状。ecoSUB 是"行星海洋"(Planet Ocean)与 NOC 合作研发的一种新型自主水下航行器(AUV),其长近 1m,重量仅为 4kg,因此被称为"微型 AUV"。这种微型水下机器人体积微小,但其能够下潜到 500m 的深度,且具备在水下停留数小时的续航能力。

新型深海滑翔机在英国西南部试验成功。英国 NOC 测试了一款新型深海滑翔机(Deepglider)[④]。该滑翔机能够承受海洋最深处 600 个大气压,且有效载荷保持 6 个月以上的续航能力,可以测量海水温度、盐度、浮游植物丰度等参数。新型 Deepglider 在设计上与现有的海洋滑翔机(Seaglider)类似,但前者能够承受海洋最深处 600 个大气压,且有效荷载保持 6 个月以上的续航能力,而后者由 NMF-MARS 运营,只能潜入 1000m 深海底进行勘探作业。此外,与其他深海滑翔机一样,Deepglider

---

① Increased fluxes of shelf-derived materials to the central Arctic Ocean. http://advances.sciencemag.org/content/4/1/eaao1302.full
② Seasonal and Regional Manifestation of Arctic Sea Ice Loss. https://journals.ametsoc.org/doi/abs/10.1175/JCLI-D-17-0427.1
③ Royal Navy supports successful trials of new underwater micro-robots. http://noc.ac.uk/news/royal-navy-supports-successful-trials-new-underwater-micro-robots
④ New Deepglider ocean robot successfully trialled off southwest UK. http://noc.ac.uk/news/new-deepglider-ocean-robot-successfully-trialled-southwest-uk

上附有一系列科学传感器。当滑翔机浮出水面时，这些数据可以通过铱卫星链路传回岸上，之后，飞行员再依此调整滑翔机的航向和采样方式。与标准的 1000m 滑翔机相比，它的潜水覆盖距离更远。不仅如此，Deepglider 还可以在更浅的水域中运行，且耐力基本不会降低。在测试期间，研究人员对其做了相关试验，结果表明，这种滑翔机可以成为研究从大陆架边缘到深海海洋过程的一个绝佳平台。

德国 GEOMAR 研究人员基于人工智能技术开发了一套全新的用于海底图像分析的全自动工作系统[①]。该套系统可以使得潜水机器人或自主潜水器在深海中独立进行测量，并实现了系统地、可持续地对大量高精度海底图像数据进行科学评估。在一项名为 JPIOcean 的采矿影响评估项目中，研究人员给深海无人潜水器配备了一个新的数码相机系统，以研究太平洋中锰结核周围的生态系统。该系统会自动记录锰结核是否存在于照片中、大小和位置。随后将单个图像组合起来，形成更大的海底地图。该过程分为 3 个步骤：数据采集、数据监管和数据管理，每一个定义的数据采集、管理等中间过程都可以自动化完成。

英国新建的极地科考船下海并进入下一阶段的建造工作，该船是英国政府近 30 年来建造的最先进的极地科考船[②]。这艘极地科考船(RRS Sir David Attenborough 号)的下海是全球极地研究船建造的一个里程碑。该船由 NERC 委托，由罗尔斯·罗伊斯公司设计，长达 129.6m，吃水深度 7.5m，排水量为 14 098t，可续航 60 天，破冰厚度达 1.5m。该船，投资金额达 2 亿英镑，完成之后将交由英国南极调查局负责运营。这艘科考船是政府极地基础设施投资计划的一部分，该计划旨在使英国处于世界南极和北极研究的领先地位。

NASA 成功发射了一颗测冰卫星(ICESat-2)，是同类中最先进的激光卫星，可测量极地高度的变化，并计算其对全球海平面和气候变化的潜在影响。ICESat-2 拥有目前全球最先进的尖端技术：卫星内装有一个高级地形激光高度计系统(ATLAS)，可以每秒发送 10 000 个激光脉冲到地球表面，并通过计算脉冲返回到卫星的时间来测量冰盖、冰川、海冰和植被的高度。2018 年 5 月，NASA 宣布借助最新的小卫星技术首次成功获得了全球冰云分布图，从而填补了一直以来无法直接探测冰云的科学空白。NASA 此次成功实现对冰云的直接观测得益于其最新研发的小卫星，该名为"冰立方"(IceCube)的实验卫星于 2017 年 5 月在国际空间站部署，旨在专门观测形成冰云的云层内结晶冰粒[③]。

第三节　未来发展态势

根据当前研究热点方向及相关海洋科技研究战略规划的未来布局，综合判断未来海洋研究将呈现出以下态势。

1)海洋环境污染问题受到广泛关注。全球性海洋环境问题对人类健康和全球可持续发展具有重要意义。气候变化带来的海洋升温、海洋酸化、频发的海洋灾害及海洋污染问题将成为未来海洋研究领域的重点方向。

2)各国不断加强对南北极相关研究。两极地区的战略价值和资源潜力吸引了各海洋强国的重点关注，极地冰冻圈变化监测、实地科学考察等相关研究布局和研究资助不断加强。气候变化背景下的极地环境变化及其对全球海洋的影响成为热点研究方向。

---

① Understanding deep-sea images with artificial intelligence. https://www.eurekalert.org/pub_releases/2018-09/hcfo-udi091018.php
② Launch of the RRS Sir David Attenborough hull into River Mersey. https://nerc.ukri.org/press/releases/2018/28-ship/
③ Tiny Satellite's First Global Map of Ice Clouds.https://www.nasa.gov/feature/goddard/2018/tiny-satellites-first-global-map-of-ice-clouds

3) 海洋技术的研发力度不断加大。新技术的开发和应用对海洋研究的促进作用愈加明显，欧美等海洋强国不断推出和测试水下机器人、深海滑翔机、极地科考船等相关新技术，加强海洋观测和探测能力。科研人员十分重视利用海洋卫星和无人观测设备开展前沿科学问题的研究，这种态势在2018年的海洋技术领域较为明显。

4) 海洋基础研究取得进展。海冰范围变化、海平面上升、厄尔尼诺及海洋环流研究等机制研究加强，对海洋领域研究具有重要价值。

第八章　青岛海洋科学与技术试点国家实验室专题分析

2018 年是全面贯彻党的十九大精神的开局之年。6 月 12 日，中共中央总书记、国家主席、中央军委主席习近平视察青岛海洋科学与技术试点国家实验室(以下简称"海洋试点国家实验室")，对海洋科研和海洋经济发展做出重要指示，为中国特色国家实验室建设进一步指明了方向。

2018 年 6 月 12 日上午，习近平总书记来到青岛海洋科学与技术试点国家实验室，了解实验室研究重大前沿科学问题、系统布局和自主研发海洋高端装备、推进海洋军民融合等情况。他指出，建设海洋强国，我一直有这样一个信念。发展海洋经济、海洋科研是推动我们强国战略很重要的一个方面，一定要抓好。建设海洋强国，必须进一步关心海洋、认识海洋、经略海洋，加快海洋科技创新步伐。关键的技术要靠我们自主来研发，海洋经济的发展前途无量。他勉励大家，再接再厉，创造辉煌，为祖国、为民族立新功。总书记的亲临视察和重要指示，为海洋试点国家实验室的发展指明了方向，极大地鼓舞了全国海洋科技工作者的士气。

第一节 重点领域科研进展

一、海洋动力过程与气候变化

1. "两洋一海"立体观测网建设日臻完善

针对当前观测碎片化、手段单一、数据获取时效性差等现状，实现对西太平洋-南海-印度洋（"两洋一海"）动力环境的系统、长期、实时观测；基于自主研制的深海潜标、Argo 浮标、水下滑翔机、漂流式海气界面浮标等固定和移动观测平台，在"两洋一海"布放、回收潜浮标 500 余套次，构建了由 93 套在位潜浮标为主体的"两洋一海"立体观测网，实现了黑潮延伸体、马里亚纳海沟万米深渊、热带西太平洋、南海、东印度洋北部等"两洋一海"重点海域海洋动力环境的长期连续观测和重点站位观测数据实时化回传。这标志着海洋试点国家实验室深海观测组网技术研发及深远海综合观测能力位居世界前列，对区域海洋环境安全保障、资源开发利用、海洋防灾减灾和应对全球气候变化等具有重要战略意义。

2. 自主研发海洋耦合模式的发展与应用

自主研发"21 世纪海洋丝绸之路海洋环境预报系统"，由联合国教科文组织政府间海洋学委员会西太平洋分委会于 2018 年 12 月 10 日向国际正式发布。通过耦合海浪模式引入浪致混合，研发出地球系统模式 FIO-ESM v2.0，推动了我国自主海洋耦合模式的发展及其在业务化预报、地球系统模拟中的应用。

3. 南海与西太平洋多尺度动力过程研究取得新突破

在南海和西北太平洋开展了多尺度动力过程潜标协同组网观测，大幅度提升了对该区域多尺度动力过程的认知水平。在海洋混合方面，利用西太平洋经向潜标阵列数据，首次揭示了热带-亚热带太平洋海洋上层混合的子午向分布特征和驱动机制，指出驱动 $0°\sim2°N$、$12°\sim14°N$ 和 $20°\sim22°N$ 三个强混合带的动力学机制分别是赤道背景流强剪切、全日内潮的亚谐波不稳定和中尺度暖涡的近惯性"烟囱"效应。在西太平洋环流变异方面，基于潜标数据分析指出，中尺度涡旋、季节内 Rossby 波以及 MJO 是菲律宾海季节内变化的主要来源，研究发现罗斯贝波与西边界流相互作用是导致印尼贯穿流变化的重要原因，证实罗斯贝波的西边界非线性反射。

4. 全球变暖对热带海气耦合模态的影响研究取得新认知

研究人员提出了更合理的根据两类 ENSO 非线性过程确定其各自异常中心的方法，首次发现东部型厄尔尼诺的变率在全球变暖背景下显著增加，且具有模式间的一致性，是认识全球变暖对 ENSO 影响的一次重大突破，相关研究成果在 *Nature* 杂志上发表。另外，研究发现，极端正印度洋偶极子（pIOD）事件的发生频率将随着全球变暖线性增加，到全球每年增温 1.5℃时其发生频率是工业革命前气候水平的 2 倍，且该现象具有模式间的一致性。一旦全球增暖稳定在 1.5℃，pIOD 的发生频率也会随之稳定，连同在极端 pIOD 事件之后发生的极端厄尔尼诺事件也将减少约 50%，这表明控制全球升温对于减少极端气候事件至关重要。相关成果收录在 *Nature* "Targeting 1.5℃" 专辑。

5. 北大西洋翻转流研究为认识全球气候变化机制提供新思路

研究发现在温室效应持续增强的背景下，大西洋经向翻转环流（AMOC）的减缓会加剧全球气候变暖，是对传统观点的重要补充和完善，揭示了人类活动持续排放温室气体会改变 AMOC 对全球气候的影响作用，展现了人类活动对气候系统自然变率的调制作用。同时指出，大西洋亚极区的海洋中尺度海洋过程在季节内至年际的时间尺度上对经向热量输送存在显著影响，平均来说由中尺度过程引起的经向热输送（meridional heat transport，MHT）变化可以占到总 MHT 变化的 20%，而涡旋导致的水体交换还会影响高密度水体的潜沉过程。上述研究将亚极区与极区大气和海洋过程相结合，论述了海洋环流通过调制向中深层海洋的热量输送来影响全球表面温度变化的物理过程，体现了人类活动对气候系统自然变率的影响，揭示了大西洋亚极区中尺度海洋过程在全球气候变化特别是北极快速增暖和 AMOC 研究中具有不可忽视的作用。

6. 重建了亚洲季风区近 55 万年来的降水变化历史

开展宇宙成因核素 ^{10}Be 测试分析与示踪研究，首次定量重建了黄土高原所代表的亚洲季风区近 55 万年以来的降水变化历史，突破了以往在多数研究中主要应用一些气候代用指标定性描述干湿气候变化历史的局限。通过综合对比三宝洞石笋的氧同位素、海洋底栖有孔虫底栖有孔虫 δ^{18}O 所代表的全球冰量、红海古海平面、65°N 的全夏季太阳辐射及南北半球夏季 30°N-30°S 太阳辐射梯度记录，论证了南北半球低纬度夏季太阳辐射梯度是驱动亚洲夏季风变化的首要因素。该成果发表在 *Science* 杂志上。

7. 构建了 i4Ocean "透明海洋" 可视化原型系统

该系统将高感知度密集动态流线技术用于海洋二维流场可视化，描绘出海洋流场的运动轨迹和变化规律，实现了全球多维海洋动态可视化，相关成果先后为自然资源部、中国船舶工业集团公司和中国电子科技集团公司等重大项目提供服务。

8. 剖析了太平洋对印度洋环流和气候的影响

研究揭示了南太平洋水团进入印尼贯穿流有直接和间接两种路径，发现南大洋模态水在运动过程中不断发生向上和向下的延伸；观测表明在厄尔尼诺的衰减年孟加拉湾的季风爆发会推迟，并导致东南亚海域的珊瑚礁白化风险升高，发现 ENSO 事件主要通过影响印度洋季节内震荡强度来改变孟加拉湾的季风爆发时间。

9. 南半球环状模对南大洋酸化的影响

研究揭示了南半球环状模（SAM）对南大洋酸化的影响，表明海洋酸化不仅受到海-气界面二氧化碳通量的影响，也受到气候动力学过程的调控。

10. 揭示了地球轨道在 DO 事件爆发中的重要性

通过分析极地冰芯数据，发现当黄赤交角由 23.5° 继续减小时，Dansgaard-Oeschger（DO）事件的发生频率显著增加，且轨道尺度对 DO 事件的非线性调制显著增强。该成果首次揭示了地球轨道在 DO 事件爆发的高可能性时段，是古气候研究领域的突破性进展，也是拓展自适应数据分析方法在海洋与气候变化研究应用的重要实例。

二、海洋生命过程与资源利用

1. 揭示了长牡蛎适应性进化机制

应用表型组、环境组、基因组、乙酰化组等多种组学技术，从表型、细胞、分子等不同层次证明了自然选择的普遍性，自然选择与有限的基因流共同作用导致了我国牡蛎野生群体在精细尺度上的遗传分化。研究成果为评估全球气候变化对牡蛎的影响及牡蛎适应潜力的预测奠定了基础，丰富和发展了海洋附着生物适应进化理论。

2. 治疗阿尔茨海默病的新药甘露寡糖二酸(GV-971)完成临床三期试验

合作研发的治疗阿尔茨海默病的新药甘露寡糖二酸(GV-971)顺利完成临床三期试验，意味着该新药的研制已经迈出了最关键一步，标志着我国具有自主知识产权的治疗阿尔茨海默病的新药研究取得重大突破。GV-971 新颖的作用模式与独特的多靶作用特征，为阿尔茨海默病药物研发开辟了新路径。

3. 阐明 tRNA 依赖型二酮哌嗪萜类化合物的生物合成新机制

采用基因组采掘技术，从 3 株链霉菌中发现了 3 个含有环二肽合酶(CDPS)的同源基因簇 *dmt1*～*dmt3*，发现了首个具有底物宽泛性的 PSL 家族异戊烯基转移酶和通过双键质子化起始环化反应的细菌源膜结合萜环化酶，揭示了一种全新的 tRNA 依赖型二酮哌嗪萜类化合物的生物合成机制，为今后采用组合生物合成技术开展二酮哌嗪萜类化合物结构多样性研究提供了重要途径和科学理论指导，为理解 CDPS 及其依赖型生物合成分子机制提供了新的认知。

4. 对虾育种技术研发取得新进展

建立了中国对虾性状精确测试新模式，实现了精准测定生长、白斑综合征病毒抗性等性状及遗传评估；发明了多性状选择指数计算方法，大幅度提高了育种技术体系的选择准确性；利用新技术在中国对虾'黄海 2 号'的基础上培育出'黄海 5 号'(GS-01-008-2017)，成功构建了中国对虾'黄海 5 号'家系 152 个。创新研发出核心育种技术和制种技术，在青岛等地培育出'壬海 1 号''海兴农 2 号'两个国家级南美白对虾新品种；突破了种虾循环水养殖、健康微生态系统调控和繁育性能营养调控关键技术，具备了大规模扩繁优质种虾的技术能力。

5. 刺参种质创制取得新突破

研究构建了刺参亲本种质资源库，建立了致病原半致死浓度(LD$_{50}$)胁迫驯化、刺参亲本生态促熟、性腺发育积温控制、选育遗传参数评估及选育世代遗传多样性检测技术；培育出具有抗病、耐高温和生长速度快等优良性状的刺参新品种'参优 1 号'，填补了我国抗逆刺参良种培育的空白。

6. 揭示了海带碘代谢过程与调控机制

研究发现海水酸化和适度升温条件下海带对碘的吸收效率显著提高，逆境条件下碘的释放效率显著增加；贝类喂食酸化条件下生长的海带体，组织碘含量显著增加，甲状腺激素水平明显降低；转录组学和蛋白质组学研究结果表明，适度酸化显著降低碘素代谢通路中卤代过氧化物酶基因和蛋白质的表达水平，为准确评估未来碘的生物地化循环格局演变提供了理论依据。

三、海底过程与油气资源

1. 系统开展亚洲大陆边缘底质调查与岩石圈构造演化研究

修正完善了雅浦俯冲带构造演化模式，获得南海地区扩张期后玄武质岩浆活动的动力学新认识；系统阐述了亚洲大陆边缘地质环境和"源-汇"过程演化规律；首次编制了亚洲大陆边缘 1∶350 万沉积物类型图，初步阐明了沉积物的分布特征和规律；首次编制了泰国湾、安达曼海、孟加拉湾 1∶100 万沉积物类型图；与俄罗斯合作开展了第二次北极联合科考，航次成果对于评估北极东北航道未来的通航能力、基础环境安全保障和生态环境影响等方面具有重要意义。

2. 构建了海域天然气水合物开采环境立体化监测系统

系统提出一套针对天然气水合物开采的环境立体化监测体系方案，在平面上布设内外两个监测圈层，在核心检测圈之外布放接驳平台，该系统由深入海底内部的环境监测井、海床基座底工作站、离底 300m 以上的锚系工作站，以及在垂向上具有无线水深巡航的 AUV 组成，可对储层、沉积物、水体和大气进行多介质全覆盖实时、长期监测。

3. 提出了洋盆下岩石圈-软流圈边界(LAB)新观点

提出大洋岩石圈的厚度受控于地幔橄榄岩中含水韭闪石的稳定域，受控于以下反应：含韭闪石的地幔橄榄岩[岩石圈]橄榄岩＋熔体[软流圈]。当压力大于 3GPa、深度超过 90km 时，韭闪石不再稳定。这一认识有效地解释了 LAB 在 $t<70Ma$ 时大洋岩石圈随着年龄的增长而加厚，但在 $t>70Ma$ 时保持恒定(约 90km)。提出当 $t>70Ma$ 时，LAB 之下可能存在小规模对流，但先决条件是，LAB 必须是岩石学相变界面，其上部是高黏度的岩石圈地幔，而其下部是含熔体、低黏度的软流圈地幔，使 LAB 之下小尺度对流成为可能。该对流提供的热与 LAB 之上岩石圈热传导损失相抵消，从而保持恒定的海底热流、海水深度及岩石圈厚度。

4. 地震资料处理技术助力海洋油气勘探

开发出一套地震资料处理过程及成果资料的保幅性分析评价方法，形成一套面相岩性储层精细预测的保幅性处理技术系列，为精细储层预测提供保幅程度较高的地震成果资料。

5. 偶极横波远探测技术在国际大洋钻探中首次应用

自主研发偶极横波远探测技术，实现 IODP360 航次 U1473 井周围 30m 范围内断层和裂缝的成像与评价，证实了该井 560m 以下地层存在多形态的高角度裂缝/断层。该应用开拓了测井技术的应用领域，为大洋科学钻探提供了井周构造形态描述的新方法。

6. 揭示了末次冰消期热带西太平洋降水快速变化的受控机制

分析了菲律宾东吕宋上大陆斜坡 MD06-3054 岩芯 27ka 以来的化学风化和陆源输入指标，提取了末次冰消期西菲律宾海的降水记录。提出末次冰消期热带西太平洋降水的快速变化由大西洋经向翻转环流(AMOC)直接驱动的观点。

四、海洋生态环境演变与保护

1. 引领国际赤潮治理技术研发，相关材料与设备出口美国

从生理生化和转录组层面进一步深入开展赤潮防控机制研究，建立了改性黏土治理赤潮的分子生物学模式，补充、完善了改性黏土控制赤潮的理论与机制，相关技术得到进一步推广应用；为上海合作组织青岛峰会提供水环境安全保障；在智利近岸养殖区得到成功示范应用；与美国伍兹霍尔海洋研究所签署合作协议，共同应对佛罗里达沿岸的赤潮灾害，首批赤潮治理材料和设备启运出口美国，展示了我国赤潮治理技术的国际引领地位。

2. 构建了典型海湾环境演变与人为活动的定量耦合关系

聚焦胶州湾，甄别特定人为活动具有指示意义的典型痕量元素形态，发现残渣态元素主要为自然来源，而活性态主要受人为来源的控制；解析了人为活动影响下温带胶州湾和亚热带典型海湾大亚湾的演化特征，定量刻画了人为来源痕量元素的输入通量及人为源的贡献率；在利用痕量元素反演人为活动影响下的海湾环境演变方面取得重要突破，为构建海湾环境敏感化学因子与人为活动的定量耦合关系提供了新思路。

3. 黄东海沙海蜇暴发的温盐驱动机制研究取得新进展

成功构建了该种室内生活史，厘清了近海沙海蜇饿温盐驱动机制，研究近海沙海蜇暴发的温盐驱动机制，发现秋冬季低温期延长促使沙海蜇暴发，夏季末长江口低盐区延伸对沙海蜇暴发起决定性作用。

4. 海草床修复技术支撑近海生态保护与资源养护

首次查明了山东沿海海草床分布现状，厘清了威海天鹅湖和青岛汇泉湾等典型海草床鳗草和日本鳗草种群的补充机制及影响因素，阐明了有性繁殖的生态过程及其在种群补充中的贡献，揭示了海草床与关键环境因子的互作机制，查明了中国南北沿海日本鳗草的遗传多样性特征。揭示了海草床重要生物功能群与海草间的相互作用机制，为海草床的生态恢复与重建提供了理论基础。构建了退化海草床的生态修复与重建技术，并在山东威海、东营和青岛沿海进行了应用示范，为刺参等渔业资源恢复乃至近海生态系统健康提供了理论与技术支持。

5. 东海和南黄海沉积有机碳的再矿化作用研究取得新进展

在东海移动泥区（ECSMMs）和南黄海泥质区（SYSMDs）采集了箱式柱状样，在 12 个站位进行了时间序列沉积物厌氧培养实验，系统分析了不同沉积环境下有机碳的再矿化作用，建立了包含再矿化过程在内的适于东黄海的有机碳收支模型，为深入研究不同沉积环境对边缘海泥质区沉积有机碳的源汇格局和输运过程的影响奠定了基础。

6. 揭示了大气沉降对近海和大洋初级生产过程的调控作用

基于现场观测并集成多年历史资料，给出中国近海及西北太平洋生物可利用性营养元素 N、P、Fe 的沉降通量，发现"高 N 低 P"的大气沉降特征可能会改变不同海区表层海水的营养盐结构，进而对初级生产过程产生重要影响，并指出沙尘天气不一定增加大气氮的沉降通量，为研究海洋生态

系统的动力学机制提供了新思路。

五、深远海和极地极端环境与战略资源

1. 第二次中俄北极联合科考成果丰硕

组织完成第二次中俄北极联合科考，历时 46 天，航程逾 12 000km，实现了同一航次对"海上丝绸之路北上分支"和"冰上丝绸之路"关键海域同时开展综合调查研究工作，填补了该区多项资料空白，获得了丰富的多学科样品和资料。本次中俄北极联合科考为深入了解北极海洋关键过程及其对全球变化的响应提供了数据支撑，对评估北极东北航道未来的通航能力、保障航道安全、建设"冰上丝路"都具有重要意义。

2. 首次在东南太平洋海盆中发现了大面积富稀土沉积

海洋试点国家实验室深远海科学考察船队成员"向阳红 01"科考船执行"中国首次环球海洋综合科学考察"航次中，于第五、第六航段首次在东南太平洋海盆中发现了大面积富稀土沉积，并初步选划出了面积约 150 万 km^2 的富稀土沉积区，这是国际上首次在东南太平洋海域发现大范围富稀土沉积，刷新了我国和国际上深海稀土资源调查研究的新记录。该发现使我国成为目前国际上对深海稀土资源调查研究程度最高的国家之一。

3. 揭示末次冰消期南极中层水北向入侵对南大洋的影响

首次在北印度洋发现了末次冰消期南极中层水北向入侵印度洋与南大洋通风增强和大气 CO_2 浓度升高紧密相连；首次发现海水溶解态的 Nd 同位素可以在季节尺度上发生摆动；首次定量厘清了溶解态稀土元素在孟加拉湾的层状分布特征。该研究成果被美国科普网站 Science Trends 报道；并获地学国际 TOP 期刊 *EPSL* 编辑、德国 GEOMAR 的 Martin Frank 教授高度评价。

4. 南设得兰群岛海域南极磷虾资源评估取得新突破

建立了可程序化运行的南极磷虾渔船声学数据中强干扰噪声消除技术，推动南极海洋生物资源保护委员会 (Commission for the Conservation of Antarctic Marine Living Resources，CCAMLR) 建立了基于集群识别的南极磷虾资源声学评估方法，并率先在国际上利用渔船声学数据验证其在南极磷虾资源密度评估与集群特征研究中的有效性；揭示了南设得兰群岛周边海域南极磷虾相对资源密度及集群行为特征的季节演变趋势，为南极磷虾渔业管理提供了重要的科学依据。

5. 南极磷虾资源开发利用装备研发取得新进展

围绕南极磷虾连续捕捞系统，建立了连续式泵吸实验系统，开展核心装备潜水式吸虾泵结构优化；围绕南极磷虾等极地资源的高效开发与利用，完成 GT12000 南极磷虾国产化项目可行性研究报告。

6. 南极磷虾高值化加工关键技术研发及产业化应用

围绕南极磷虾的高值化利用，开展南极磷虾船载精深加工系统研究，研发了船载磷虾脱壳和虾肉自动采集系统，该系统已经在"深蓝 1 号"南极磷虾捕捞加工船进行安装应用，为南极磷虾船的设计和建造提供了技术支撑。

六、海洋技术与装备

1. 水下滑翔机实现工作深度及航程突破，形成谱系化工作能力

自主研制的"海燕-10000"级的水下滑翔机，在马里亚纳海沟附近海域，圆满完成历时 6 天的海上综合性能测试，最大工作深度达 8213m，创造水下滑翔机下潜深度的世界纪录。自主研制的 3000 公里级"海燕-L"长航程水下滑翔机，在南海连续运行 141 天，并安全回收。共完成观测剖面 734 个，航行里程 3619.6km，刷新国产水下滑翔机连续工作时间最长、测量剖面最多、续航里程最远等多项国家纪录。

2. 深海自持式智能浮标具备 4000m 剖面稳定观测能力

研制的 4000m 深海浮标，具备 50MPa 下稳定启动与作业能力，采用"全速下潜+最大深度悬停"作业模式，配合触底检测、超深抛载等功能，具备功耗低、效率高、安全可靠等突出特点。在"问海计划"设备海试专项航次任务中，该型浮标样机完成首次海试验证工作，已具备水下 4000m 剖面稳定观测能力。

3. 深海成像系统技术得到优化

拓展完善了"海瞳"全海深高清相机长工作时间、多模控制方式、大景深成像范围等功能，搭载 2018 年中国科学院深渊科考队 TS09 航次，先后开展 10 次下潜工作，其中 4 次下潜至万米深度，累计拍摄时长 136h。在"海瞳"相机基础上，进一步开发深海成像系统，成功研制了小型全海深高清相机(外部尺寸为 Φ75mm×150mm)、全海深 3D 相机(4K 分辨率)、深海全景相机(适用深度不低于 6000m)等。

4. 突破测量型无人艇稳性与自主避障技术

设计二级摇摆台串联式水下载荷稳定平台，实现载荷和船体运动的隔离；基于大数据和多信息融合的智能环境与感知技术，采用多传感器备份、冗余设计及深度学习技术提高系统水面避障物检测率；使用非线性自适应控制技术，最终使无人艇在复杂海况进行海洋测量时，提高测量精度与运动控制精度，减少测量误差，降低运动控制能耗，并能够综合考虑项目航线和当前障碍物位置，自主得出新的航行路线指令，实现有效的障碍规避。

5. 海洋高动态重/磁一体化关键技术实现联合测量的突破

开展了低信噪比数据在线降噪、复杂海况下背景噪声抑制等关键技术研究，完成基于无人平台的重/磁一体化测量系统的总体设计、结构设计、电气设计等工作，并在海上开展重力仪及 POS 产品的海试验证工作，完成了高精度重/磁传感器的海洋环境适应性改造。

6. 无线光通信技术支撑深海数据传输

掌握了大功率高速蓝绿光信号调制、大发散角整形、宽视场高灵敏度接收、深海高抗压水密封装等一系列关键技术。先后研制了水下双向无线光通信原理样机和工程化样机，在实验室水池、千岛湖、三亚湾等水域分别开展样机性能测试。目前，该样机可支持链路速率 20Mbps、功耗 13W、可支持工作深度 4500m，深海清洁水质下可支持通信距离 50m，将为深海数据传输提供新的技术手段。

7. 360°多波束声呐鱼探仪研制成功

针对远洋捕捞过程开展数字多波束探鱼仪关键技术研究，完成样机研制和海上试验，采用模块化设计结构，提升系统的可维护性，便于后续设计；改进三维波束成型技术，提高信号处理实时性；研制高性能收发机及换能器阵列，提供 128 个通道声学信号处理能力。

第二节 自主研发项目

一、鳌山科技创新计划重大项目

1. 透明海洋与国防安全

（1）"两洋一海"透明海洋科技工程

项目实施期满，准备验收。项目在"两洋一海"海洋多尺度动力过程机制研究中在中尺度涡、中尺度海气相互作用、模态水及全球变化等领域取得了重大进展：揭示了海洋中尺度涡和大气的相互作用对维持西边界流的重要作用；发现了海洋涡旋影响模态水潜沉的物理机制；基于观测分析揭示了南海中尺度涡的三维结构与生消机制；系统阐释了台湾西南海域冬季中尺度涡的生成机制；揭示了南海超强内孤立波的发生机制，并首次将大尺度 ENSO 事件和南海小尺度内孤立波过程建立了联系等。

（2）印尼贯穿流源区海洋环流的结构特征和动力机制研究

项目实施期满，准备验收。项目执行期间开展了两个航次的综合调查研究，一是 2018 年"IOCAS-RCO/LIPI 印尼海联合调查航次"，航程约 3100n mile，回收 9 套潜标，布放 8 套潜标，完成 55 个 CTD 站。二是执行了 2018 年国家自然科学基金委西太平洋海洋学综合共享航次。2018 年继续搭载国家自然科学基金委西太平洋开放共享航次，历时 31 天，行程约 5600n mile，共完成 70 个作业站位的观测及采样。

（3）海洋与气候系统数值模拟平台建设的关键技术

项目实施期满，准备验收。在科学实验及海气通量过程参数化研究方面，数据分析表明，在大气层结稳定的情况下，风应力矢量偏离风向的角度与风速大小呈反比，与逆波龄也呈反比。完成了改进的海气通量参数化方案相关研究。完成了渤黄东海精细化浪-潮-流耦合的海洋动力学模式建设，建立了渤黄东海沉积动力学模式，完善了沉积模式与海浪模式的耦合过程。

（4）透明海洋深海观测关键技术

项目进入总体方案实施阶段。在水下移动观测平台关键技术方面，完善了混合式浮力调节系统原理设计方案，进行了混合式浮力调节系统技术设计，完成了海洋传感器综合接驳试验平台加工和测试、近海试验；在水面移动观测平台关键技术方面，顺利完成了国际比测，经历气旋和超级台风"山竹"考验，国际首次成功开展并完成了中尺度涡漂流组网观测；在潜标实时通信关键技术方面，研制集成了潜标单元、数据采集单元、水声通信单元和卫星通信单元等，完成了潜标观测数据有线智能准实时通信方案系统的总体设计。

2. 健康海洋与生态安全

（1）生态养殖承载力与可持续生产模式战略研究

项目实施期满，已完成项目验收。对我国海洋渔业发展现状、存在的瓶颈问题和发展前景进行了综合分析，提出了对我国近海生物生产力评估及其可持续利用海洋科学研究战略的认识与思考，以及我国海洋渔业未来发展出路、对策与措施，形成咨询建议报告，得到国家领导人批示，部分研究成果在国家相关文件中得以体现，且部分工作被纳入国家重点研发计划。

(2)近海生态灾害发生机制与防控策略

在黄海海域大规模绿潮成因与应对策略方面，开展了黄海绿潮浒苔的遗传特征分析，就上合组织峰会期间绿潮应对策略编写专报并被中国共产党中央委员会办公厅采用；在黄海水母灾害发生过程、源头和成灾机制方面，建立了基于 eDNA 技术的水母水螅体的鉴定方法；在典型有害藻华形成机制与防治对策方面，系统解析了长江口邻近海域甲藻赤潮形成与黑潮东海底层分支的关系；在我国近海典型海域生态系统综合观测方面，剖析了江苏北部主要入海河流的通量及其季节变化；在海洋生态灾害与生态系统动力学模式方面，建设了海洋动力-沉积-化学-生物过程耦合的生态模式。

(3)中国海洋生态文化研究

项目实施期满，已完成项目验收。项目系统阐述了中国海洋生态文化的基本概念和内涵，对中国海洋生态文化发展现状和面临的主要问题及原因进行了分析，提出了中国海洋生态文化发展的战略框架与对策建议。研究成果《中国海洋生态文化》之《当代中国海洋生态文化发展现状》和《中国海洋生态文化发展战略》两本由人民出版社出版，填补了该领域的研究空白。

3. 蓝色生命与生物资源安全

"蓝色生物资源开发利用"项目自 2017 年 6 月顺利通过验收后，研究人员继续开展了相关工作。在极地渔业资源开发与利用研究方面，在南极磷虾资源声学评估方法、南极磷虾关键产品和安全质量检测方法建立、南极磷虾资源分布考察、南极磷虾虾粉中试生产线改进及相关产品开发研究方面取得了一系列进展；在深远海养殖平台工程技术与装备研发方面，突破了亲鱼自然产卵调控技术，2018 年培育黄条鰤苗种 32.11 万尾；在近海健康养殖关键技术研究与新生产模式构建方面，完成了扇贝基因组精细图谱绘制；在近海渔业资源养护与生态安全保障研究方面，解析了渤海鱼类关键种变化、研究了黄渤海渔业生物平均营养级的长期变动；在海洋药物与新型生物制品创制方面，后续发现 30 余个新的小分子化合物，活性化合物 6 个；制备了 6 种海洋多糖组分，基于生物质谱和多维核磁共振等技术解析了其中的 5 种多糖的精细结构，通过化学酶法可控降解或者化学定向修饰制备海洋寡糖及其衍生物 10 余个。

4. 海底过程与能源矿产安全

(1)亚洲大陆边缘地质过程与资源环境效应

项目实施期满，已完成验收。通过国际合作，开展了南黄海、缅甸海等海域的海洋地质调查工作，首次获得了横贯南黄海海域到韩国西部陆地海陆联合深部地震探测剖面和安达曼海中部沉积环境系列成果；研发了近海埋藏式宽频海底地震仪系统等海洋地质调查装备和勘查技术，经海试和实验应用达到了预期技术指标，填补了我国海洋地质调查装备的部分空白；首次建立了解释冲绳海槽中部流纹岩成因的部分熔融模型，诠释了黄海基底成因，提出了俯冲带成因最佳假说的地质学验证，制定了我国海洋地质灾害研究路线图。

(2)"梦想号"大洋钻探船科学功能预研究

项目总体进展顺利，按照任务书和实施方案执行。完成了大洋钻探船船载实验室初步建设方案，向中国地质调查局装备部汇报了"天然气水合物钻采船(大洋钻探船)船载实验室初步建设方案"，完成了我国大洋钻探科学需求论证报告、大洋钻探船船载实验室的设计报告，组织了大洋钻探船船载实验室建设方案论证会议，并通过专家论证。大洋钻探十年规划正在编写论证中，同时对几个大洋钻探重要靶区开展了重点研究。

5. 深海与极地极端环境

(1) 深海专项

对世界范围内其他国家实验室的情况概要、经费预算、人员教育、机构设置和管理运行机制等进行跟踪。对海洋领域的热点问题进行了国际研究态势的分析，形成了研究专著《国际深海科学研究态势分析》。初步完成了国内外重大海洋计划 (专项) 管理过程及重要国家科技计划 (专项) 管理体制的调研。

(2) "蛟龙号" 专项

在深潜区海底岩石学研究方面，揭示了南海地区扩张期后玄武岩的地球动力学背景，指出这些玄武岩的成因均与海南地幔柱有关；在深潜区现代浊流活动的地貌学和沉积学研究方面，开展了台湾峡谷区沉积物样品的有孔虫鉴定、测年，以及元素地球化学分析和矿物地球化学分析；在深潜区深海微生物药用资源研究方面，通过对深海微生物进行活性筛选，获得新化合物，发现了具有新颖结构的活性天然化合物；在深潜区生物多样性及功能研究方面，认知了南海海山/冷泉生态系统生物群落结构和多样性构成，解析了沉积物中生物随深度梯度的分布特点。

6. 支撑平台建设项目

(1) 大数据与智能计算平台技术研发及应用示范

完成了基于水下自组织网络及船载自组织网络，构建了海洋立体化监测网络系统、船载海洋大数据采集系统；建立了海洋大数据智能融合模型；完成了基于 MPP 的分布式存储系统基础架构中核心组件和数据查询引擎的设计；构建了基于深度学习的海洋目标检测和识别方法；搭建完成了海洋大数据智能交换与共享平台、海洋大数据智能可视化平台；完成了海洋大数据安全保密系统及算法模块的设计方案；构建了 "海洋有机化合物和海洋药物" 数据库，研发了海洋药物大数据挖掘与分析平台。

(2) "中国蓝色药库" 开发计划关键技术预研究

完成中国蓝色药库战略研究，形成《中国蓝色药库战略研究》报告。初步完成了实体库固定场所的基础设施建设；初步构建了海洋糖类化合物库、海洋小分子化合物库、海洋药用生物资源标本库、海洋中药标本库等海洋药物资源基础库。蓝色药库开发关键技术、典型海洋生物碱化合物改构与合成技术及若干产品 (海洋创新药物、特医食品和医用材料) 的系统开发预研究进展顺利。

7. 联合实验室发展

(1) 小型模块化 AUV 及配套温盐深测量模块研制

完成了小型模块化 AUV 及搭载温盐深仪的研制工作，完成了相关外购、外包、测试验证及各项评审，完成了实验室装配调试和测试。完成了导航系统性能验证、AUV 模块综合性能验证、搭载温盐深仪载荷验证、验收摸底试验等 4 个部分的湖上性能测试验证，结果表明，样机达到预期最大航速、续航能力、自主定深航行等各项指标，具备验收条件。

(2) 飞船返回舱高海况打捞回收关键技术

项目实施期满，已完成项目验收。研究采用船侧拦截、柔性打捞及起吊一体化技术，应用机-电-

液-气系统集成技术，突破了主被动复合波浪补偿控制、动态防摇在打捞中的应用等关键技术；建立了基于船舶多自由度运动与返回舱打捞技术参数匹配的波浪补偿控制模型、多自由度工况模拟摇摆试验系统及 MATLAB 计算机仿真模型；完善了飞船返回舱高海况打捞救援系统方法，为 4～6 级高海况下飞船返回舱打捞救援技术装备提供了技术支撑。

二、开放基金项目

首批开放基金项目实施以来，建立了与项目组、依托单位的定期联系机制，实行项目进展季报和重大事项报告制度，有力地推动了项目研究工作的顺利开展。在开放基金项目支持下，浙江大学瞿逢重教授获国家自然科学基金优秀青年基金项目资助，大连理工大学邹丽教授、中国地质大学(武汉)宁伏龙教授入选长江学者(青年)奖励计划，邹丽教授作为第一完成人获教育部高等学校自然科学奖一等奖和辽宁青年科技奖。中国地质大学(武汉)葛健博士在"基于移动载体的高精度海洋地磁矢量一体化测量技术研究"开放基金项目支持下，围绕磁场传感器小型化研究取得关键性进展，在不降低传感器性能的前提下，成功将传感器体积压缩了 30%。上海交通大学曾铮博士在"海空两栖潜水器原理样机研制"开放基金项目的支持下，指导团队研制的"NEZHA—海空两栖航行器"在 IEEEE OCEANS' 2018 国际水下机器人大赛中获得大赛 free-style 组的冠军。

三、主任基金项目

在主任基金项目支持下，唐群委教授课题组通过研究实现了海洋多糖转化石墨烯量子点(GQD)的 HOMO 和 LUMO 能级分别在 -5.1～$-5.5eV$ 和 -3.8～$-4.2eV$ 内可调，并作为界面修饰材料应用于无机钙钛矿太阳能电池的 $CsPbBr3$/电子传输层界面，经 GQD 修饰过的无机钙钛矿太阳能电池效率由之前的 7.54%提升至国际领先水平的 9.72%，相关成果连续发表在相关领域顶级期刊上。张旭教授研究团队通过对东北太平洋硅藻氧同位素的重建以及数值模拟的研究确认了北太平存在千年尺度的淡水事件，并对其中的冰期绕极地遥相关的动力学机制进行阐释，相关成果发表于 *Nature* 杂志上。

四、"问海计划"项目

1. 大深度水下滑翔机

水下滑翔机是实现深海大范围、长时序海洋观测与探测的有效技术手段。通过突破大深度水下滑翔机设计的系列关键技术，对核心单元性能提升和优化设计，结合全生命周期可靠性测试，研制具有自主知识产权的工作深度 4000m、航程 1500 公里级的水下滑翔机海试样机。

2. 大洋 4000m 水深自持式智能浮标

自持式 Argo 浮标是获取长时间、准实时海洋数据的移动观测平台，也是建立我国海洋立体观测网络的重要组成部分，深海 Argo 浮标将海洋观测延至 2000m 以下深层海洋，有利于我国形成对全球深层大洋的观测能力，实现我国深海跨越式发展，为防灾减灾、深海生物资源开发、关键海区的水下环境安全保障提供技术支撑。

3. 水下电磁传感器的研制

开展可搭载于水下滑翔机/Argo 浮标的水下电磁传感器研制工作，已完成小型化电磁场传感器搭载在 Glider(滑翔机)上的总体结构与布局设计、电磁传感器的系统方案和软件方案设计。

4. 水下仿生机器人研发

以蝠鲼为模仿对象，研制具有高机动性、低噪声、高效率的新型 1000m 级深海潜水器。已完成仿蝠鲼潜水器总体设计，采用低阻与仿生拍动推进适配的结构外形，研制出一台原理样机并进行水下试验；同时设计了基本的仿生运动控制系统，在原理样机上实现了直航、转弯、上浮、下潜等基本运动模态。

5. 实时海底地震观测阵列研发与示范应用

研究基于浮标式的海底地震数据实时传输系统，已完成实时海底地震观测阵列系统的总体方案设计，研制了两套宽频带海底地震仪并开展海试，同时完成了浮标平台技术设计与部分核心器件的加工制作、海底洋流发电机的模型试算与改进。

6. 潜标实时通信技术研究

"水下观测数据实时传输技术研究"项目已研制出小型水下绞车、甲板绞车和测试绞车各一款；"深海潜标大水深数据实时化传输系统"项目已研制集成了潜标单元、数据采集单元、水声通信单元和卫星通信单元等，形成了一套具有自主知识产权的大水深深海数据实时化传输系统；"智能实时潜标关键技术研发及应用"项目可实现海洋上层流速等动力环境要素剖面的准实时观测，在通信链路方面进行了详细设计，开展了实时通信浮标、定时通信主浮体等关键单元的研制工作。

7. 水听器的研制

"低噪声大深度姿态感知复合同振式矢量水听器"项目研发工作深度 1500m、低噪声、具备姿态感知功能的复合同振式矢量水听器，并推进项目相关成果的应用与产业化；"光纤激光水听器阵列研究"项目已完成 64 元光纤激光水听器阵列方案设计、光栅制备技术与敏感特性研究等；"拖曳式超细光纤水听器阵列"项目已基本完成对水听器探头及激光调制系统的加工、装配和测试工作，并对水听器基元的防水性和耐压性进行了实验测试。

8. 海兽发声特征与繁训技术研究

瞄准海洋哺乳动物的物种保护与仿生研究等热点问题，以海洋哺乳动物表演场馆为平台，研究海洋哺乳动物人工辅助繁育技术；采集和分析海豚典型发声信号及相伴行为特征，以水声学技术为切入点，开展海豚行为学研究。实验室平台已基本完成；建立了海狮血液检测指标体系、海狮行为远程实时监控系统；构建了海豚人工配合采精的训练技术体系；集成了鲸豚类发声信号采集分析系统和海狮、海豚水下寻物训练技术，完成了宽吻海豚回声定位和通信交流信号的采集与初步分析。

五、蓝色智库项目

已启动"透明海洋与国防安全"科技创新战略任务研究、"健康海洋与生态安全"科技创新战略任务研究、美国海洋战略和海洋科技政策、海洋科学全球创新格局和创新资源分布研究等 6 个重点项目研究课题。各课题研究工作进展顺利，有望取得预期成果。

六、山东省重大科技创新工程专项

以支撑山东新旧动能转换和海洋强省建设等地方及产业发展为目标，在山东省海洋科技资金重大科技专项资金支持下，形成了透明海洋、海洋高端装备、深蓝渔业、蓝色药库、健康海洋五大技术创新专项。各技术创新专项先后经海洋试点国家实验室组织专家咨询、山东省科技厅和财政厅组织专家论证后获批立项。目前专项经费已拨付到位，各项研究任务已开展实施。

七、山东省重大科研平台建设项目

以增强我省海洋科技创新能力、加快推动海洋强省建设为目标，在山东省重大科研平台建设项目支持下，开展海洋大数据中心、海洋高端仪器设备研发平台、冷冻电镜生物影像平台、海洋地质年代测定平台和海洋能海上综合试验场建设工作。各重大科研平台建设项目先后经海洋试点国家实验室组织专家咨询、山东省科技厅和财政厅组织专家论证后获批立项。2018 年度项目经费已拨付到位，进入实质性建设阶段。

第三节　科　研　成　果

一、学术论著

据不完全统计，海洋试点国家实验室发表学术论文 1419 篇，其中：SCI 收录 1134 篇，*Nature*、*Science* 及子刊论文 21 篇（*Nature* 正刊 5 篇、*Science* 正刊 1 篇）；出版专著 33 部。

二、授权专利

据不完全统计，2018 年科研团队共获授权发明专利 168 项，其中国内发明专利 165 项、国外发明专利 3 项；认定新品种 5 个；获软件著作权 45 项。

三、成果奖励

吴立新院士领衔完成的"大洋能量传递过程、机制及其气候效应"成果获得 2018 年国家自然科学奖二等奖（已公示）；包振民院士领衔完成的"扇贝分子育种技术创建与新品种培育"成果获得国家技术发明奖二等奖（已公示）。

据不完全统计，2018 年海洋试点国家实验室科研团队共获省部级科技奖励 35 项。

四、承担国家重大科研任务

充分发挥平台优势，组织相关领域科学家积极申报国家重点研发计划、国家自然科学基金项目等各类国家级科研项目。2018 年，各创新单元获批科研项目总经费约 16.2 亿元。其中，获批牵头的国家重点研发计划项目 23 项，经费合计约 5.7 亿元；获国家自然科学基金资助项目约 215 项，累计直接经费合计约 2.37 亿元。实验室在研科研项目总经费约 50.7 亿元。

五、人才与荣誉称号

2018 年，海洋试点国家实验室 3 人获得国家杰出青年科学基金项目支持；新增"万人计划"科技创业领军人才 11 人，"万人计划"青年拔尖人才 1 人，"青年千人计划"1 人，"长江学者"特聘教授 1 人，中国科学院"百人计划"5 人，泰山学者攀登计划专家 6 人，泰山学者特聘专家 1 人，泰山学者青年专家 4 人，科学技术部中青年科技创新领军人才 5 人，国家优秀青年科学基金项目获得者 5 人。

迄今，已形成了一支含两院院士 30 人、"千人计划"人才 22 人、"长江学者"23 人、国家杰出青年科学基金项目获得者 75 人和"鳌山人才"69 人的 2200 余人的人才队伍，极大地推动了海洋科技事业发展。

第四节　平 台 建 设

一、天然气水合物钻采船（大洋钻探船）

配合中国地质调查局开展项目可行性研究，海洋试点国家实验室组织国内 17 家科研机构的 34 位专家完成 9 个船载实验室建设方案编制；成功举办了大洋钻探国际研讨会，邀请美国、日本、德国等 6 个国家 9 位大洋钻探知名专家，国内 6 位院士及近百名专家学者，共同研讨大洋科学钻探发展、大洋钻探船运行管理、国际大科学任务组织等议题。

二、高性能科学计算与系统仿真平台

完成了高性能科学计算与系统仿真平台仿真中心的建设，新增 200m² 开放工作区。建成超算互联网，实现与济南超算、无锡超算高速互联，达到协同 131P 计算能力；全年累计承担计算任务 20 余项，总机时近 2.1 亿核时。协同推进超算重大升级方案优化和立项申报，协同开展超算原型机建设和核心技术应用，攻克 CESM 模式和"两洋一海"区域耦合预报系统 COAWST 向国产众核移植的技术难点。与山东易华录信息技术有限公司合作建设国家海洋大数据产业孵化基地；成功召开 2018 全国高性能计算学术年会。

三、深远海科学考察船共享平台

吸纳广州海洋地质调查局的 7 艘科学考察船入队，船队科考船数量增至 24 艘，总排水量达 6.3 万 t；购置水听器接收线阵列等 5 种 11 台（套）海洋调查设备。修订《海洋科考装备共享管理办法》，出台《搭载航次实施细则》，完成"3+1"共享航次基本制度体系搭建。常态化实施共享航次，全年组织实施 28 个共享航次，共享船时 1069 天，执行 78 项科学任务，用户总体满意度达 100%。组织研发船岸一体化系统，实现对船队成员船的位置监控、航迹查询、作业展示、视频连线和数据汇集推送。

四、海洋创新药物筛选与评价平台

建立了基于智能超算耦合生物实测的海洋药物发现技术体系，发布全球首个海洋天然产物三维结构数据库；完成了人类已知 170 个肿瘤靶点与 35 000 个海洋化合物的全部对接过程，构建了 2 万余个海洋小分子化合物虚拟结构数据库，得到 200 余个抗肿瘤海洋化合物苗头分子，获得 3 个海洋先导化合物。着重面向蓝色生命版块服务，与多家高校及企事业科研单位建立长期合作关系，服务范围由青岛辐射至全国 20 余省市，与美国克利夫兰医学中心等国际知名研究机构开展合作交流。

五、同位素与地质测年平台

完成了加速器质谱仪（AMS）和稳定同位素质谱仪等大型设备及配套的多功能 C-14 石墨化系统小型仪器设备的采购、安装、调试及验收，运行后将有效支持海洋及相关领域对 C-14 测年的需求。

六、海洋高端仪器设备研发平台

基本完成仪器测试模块和智能制造模块建设，完成 1000 余平方米实验室条件改造，组织购置了大型六自由度摇摆台、盐雾实验室、三坐标测量机、增材制造设备等 15 种 17 台(套)，初步具备支撑海洋高端仪器设备的原创性研发、技术方案改进、制造方案优化能力；模拟各种恶劣海洋环境，验证不同海况条件下海洋高端仪器设备的稳定性和耐盐雾腐蚀等能力。与青岛海检集团有限公司联合开展监测设备资源共享。

七、海洋分子生物技术公共实验平台

确定冷冻电镜中心一期建设目标及配置方案，完成 4 台冷冻电镜采购招标，启动条件保障建设，建成后将初步形成海洋结构生物学原子级别高分辨率解析能力。与挪威卑尔根大学、挪威萨斯海洋分子生物学国际研究中心、美国哥伦比亚大学、德国波鸿鲁尔大学、南方科技大学、上海科技大学、青岛华大基因等机构开展交流合作，共同推进平台建设。

第五节　人才队伍建设情况

一、多渠道引进高水平科研人才

继续实施"鳌山人才"计划，引进领军科学家、卓越科学家等；以"一事一议"方式引进急需紧缺高层次人才；以"双聘"形式引进平台首席科学家、平台主任与开放工作室首席科学家；以"不求所有、但求所用"的"柔性引才"原则，引进清华大学众核移植团队等。

二、充实实验技术人才队伍

新进 26 名平台技术人员，实验室技术团队进一步充实。其中，中高级职称 56 人，技术方向涵盖信息工程、船舶工程、生物医药、仪器工程、地质化学等领域。一支以首席科学家、首席工程师等高水平专家领衔，平均年龄 34 岁的青年技术骨干为主体的专业化、年轻化、梯次型实验技术人员队伍初步成型。

三、加大职员制改革力度

按照"自设岗位、自定薪酬、自主招聘"的原则，以职员制改革为核心不断完善队伍管理。出台《职员岗位竞聘实施方案》《选拔工作人员纳入职员管理实施细则》，开展首次 5 名职员的岗位竞聘工作，选拔 76 名工作人员，纳入职员管理，加速"去行政化"，实现从身份管理到岗位管理的转变。

四、加强培训，提升素质

组织开展新员工入职培训、海洋科学专业知识学习培训等，累计 600 余人次参加；与施普林格·自然集团、美国科学促进会的《科学》杂志分别合作举办"2019 年科技论文作者培训班"，邀请日本日本海洋研究开发机构(JAMSTEC)研究员、国家一级技师等专家开展各类技能培训近 60 次，参与达 2000 人次。

第六节　成 果 转 化

一、系统开展知识产权管理体系研究

制定发布《"问海计划"专利质量管理实施细则(试行)》《专利工作专项资金管理办法(试行)》等。开展"问海计划"项目专利管理培育,对 2016 年及 2017 年立项的项目进行追踪创新,及时完成发明评估及专利申请。围绕知识产权管理、成果转化等工作,先后承接"国家实验室知识产权管理体系研究""深蓝渔业装备知识产权分析评议""海洋观测探测装备知识产权导航"等国家和山东省知识产局软课题项目,开展海洋试点国家实验室知识产权管理体系研究,为切实发挥知识产权保护运用的支撑作用,构建以知识产权运营管理为特色的成果转化创新生态体系。

二、加强复合型技术转移队伍建设

举办第二期技术经理人培训班,引导技术经理人、科研管理人员在科研立项之初主动发现有价值的技术,全程参与成果转化,提前做好科研规划和专利布局,为创新单元成果转化做好人才储备。以"问海计划"研发项目作为切入点,成立知识产权办公室和质量办公室,规范项目申报、加强高质量专利的产出和运营管理。

三、打造成果转化基地

整合青岛蓝谷区域的社会、科研和海洋产业资源,与青岛国信蓝色硅谷发展有限责任公司、青岛海洋创新工坊科技发展有限公司等打造"海洋试点国家实验室成果转化基地",推动深蓝渔业、海洋电子信息处理技术等科研成果和孵化项目的转化落地。

四、筹建科技成果转化基金

海洋试点国家实验室为培育壮大海洋战略新兴产业,提高海洋科技成果转化效率和效益,与青岛国信集团共同发起设立海洋科技成果转化基金,签署海洋科技成果转化基金战略合作协议,为具有良好商业前景和广阔应用领域的海洋科技成果转化项目提供资金支持、匹配产业运营资源。

第七节　开 放 合 作

一、加快建设海外研究中心

1. 国际南半球海洋研究中心运行稳定

目前已顺利通过第一财年独立审计人审核,汇聚了包含 3 位澳大利亚院士在内的 20 余人的科研队伍,超额完成了"南大洋在海平面变化中的作用""南大洋动力过程"等 6 项科研项目年度工作任务,提交了 3 个观测资料,首次在南大洋布放 11 枚深海 Argo 浮标,2018 年共发表 12 篇学术论文,其中 4 篇发表在 *Nature* 系列期刊、1 篇发表在 *Science* 系列期刊。

2. 国际高分辨率地球系统预测实验室建设

与美国国家大气研究中心、美国得克萨斯农工大学共同建设的国际高分辨率地球系统预测实验室,聚焦研发新一代高分辨率多尺度地球系统预测模拟框架,旨在研发世界领先的地球系统模式,可在全球及区域尺度上提供可靠数据，为科学应对和减缓全球气候变化提供支持。目前已与美国得克萨斯农工大学签署关于国际高分辨率地球系统预测实验室合作协议。

3. 北极联合研究中心开始筹建

与俄罗斯科学院希尔绍夫海洋研究所在莫斯科签署中俄北极联合研究中心合作意向书，双方约定将加强在北极地区合作，共同开展多学科、全方位研究，对于深入了解北冰洋关键过程及其对全球变化的响应，推动北极科学进步，解决"冰上丝绸之路"建设所面临的科学问题具有重要意义。

4. 与德国阿尔弗雷德·魏格纳极地与海洋研究所联合实验室制定合作研究计划

与德国阿尔弗雷德·魏格纳极地与海洋研究所在德国不来梅哈芬签署合作意向书，共建中德国际北极与气候联合实验室，目前已完成科学合作框架计划，将在北极与气候、海底观测探测领域开展合作研究。

二、拓展国际合作伙伴关系

美国伍兹霍尔海洋研究所副所长 Laurence P. Madin 博士，澳大利亚联邦科学与工业研究组织首席执行官 Larry Mashall 博士，澳大利亚科学院院士、新南威尔士大学 Matthew England 教授，挪威海洋研究所副所长 Karin Kroon Boxaspen 教授，美国地球物理学会首席执行官 Chris McEntee 等百余人先后来访，在气候变化、模式开发、深海观测、极地研究、水产养殖等重点领域探讨合作研究新途径。

海洋试点国家实验室主任委员会成员先后率团访问德国阿尔弗雷德·魏格纳极地与海洋研究所、德国亥姆霍兹基尔海洋研究中心、澳大利亚联邦科学与工业研究组织、俄罗斯科学院希尔绍夫海洋研究所等国际知名海洋研究机构，有效推动了双方了解互信，促进在共同关切领域的务实合作，加快全球协同创新网络建设。

2018 年 9 月，与施普林格·自然集团签署谅解备忘录，通过施普林格·自然集团的国际学术传播平台，展示优秀海洋科研成果并招募专业人才，同时通过共同组织举办高水平国际会议等形式，促进海洋试点国家实验室学术交流国际影响力不断提升。

三、参与国际海洋创新治理

2018 年 7 月 3～5 日，与山东省科技厅、美国科学促进会的《科学》杂志成功举办了"2018 年全球海洋院所领导人会议"，来自亚洲、美洲、大洋洲、欧洲、非洲的 24 个国家的 101 家海洋科研院所和 5 个国际组织的 150 多位负责人及其代表参会，建立全球海洋研究机构和国际组织(计划)领导人交流沟通机制，为攻克人类共同面临的关键共性技术提出新思路，为应对全球性挑战、促进全球海洋治理体系变革提供智慧方案和科技支撑。相继承办"海洋科技协同创新与人类命运共同体构建研讨会""海洋战略性新兴产业发展国际研讨会"，为山东新旧动能转换综合试验区和海洋强省建设出谋划策。

四、举办"鳌山论坛"，碰撞学术思想

2018 年，共举办 15 期鳌山论坛，汇聚学术报告 340 余个，参与研讨院士 23 人次、国内外专家学者 1600 余人次。出学术委员会副主任胡敦欣院士、"鳌山人才"领军科学家郭华东院士等发起的

以"透明海洋""新一代海洋卫星传感器与海洋大数据""海洋物联网前沿技术"等为主题的多期鳌山论坛，从空、天、地、海多个角度研讨了海洋立体观测网的构建，推动了"透明海洋"大科学计划的实施；由学术委员会主任管华诗院士发起的"国际海洋创新药物开发"鳌山论坛，完善了"以智能超算引领、化学合成驱动和生物实测主导"的海洋创新药物研发技术体系。

五、开展"青龙问海"技术交流

举办 7 期"青龙问海"技术交流活动，邀请麦格纳国际集团董事长尼尔森·郑博士、日本国立海洋研究开发机构首席研究员安藤健太郎、阿尔弗雷德·魏格纳极地与海洋研究所水产学院养殖组首席 Bela H. Buck 教授等行业领域专家学者围绕海洋防腐、热带海洋观测、系统生命力、深远海养殖与海上风电结合技术、深蓝渔业工程技术、水密插拔技术等前沿技术方向开展交流研讨，广开思路、成效显著。

附　　录

附录一　国家海洋创新指数指标体系

一、国家海洋创新指数的内涵

国家海洋创新指数是指衡量一国海洋创新能力，切实反映一国海洋创新质量和效率的综合性指数。

国家海洋创新指数评价工作借鉴了国内外关于国家竞争力和创新评价等的理论与方法，基于创新型海洋强国的内涵分析，确定指标选择原则，从海洋创新资源、海洋知识创造、海洋创新绩效和海洋创新环境 4 个方面构建了国家海洋创新指数的指标体系，力求全面、客观、准确地反映我国海洋创新能力在创新链不同层面的特点，形成一套比较完整的指标体系和评价方法。通过指数测度，为综合评价创新型海洋强国建设进程、完善海洋创新政策提供技术支撑和咨询服务。

二、创新型海洋强国的内涵

建设海洋强国，急需推动海洋科技向创新引领型转变。国际历史经验表明，海洋科技发展是实现海洋强国的根本保障，应建立国家海洋创新评价指标体系，从战略高度审视我国海洋发展动态，强化海洋基础研究和人才团队建设，大力发展海洋科学技术，为经济社会各方面提供决策支持。

国家海洋创新指数评价将有利于国家和地方政府及时掌握海洋科技发展战略实施进展及可能出现的问题，为进一步采取对策提供基本信息；有利于国际、国内公众了解我国海洋事业取得的进展、成就、趋势及存在的问题；有利于企业和投资者研判我国海洋领域的机遇与风险；有利于为从事海洋领域研究的学者和机构提供有关信息。

纵观我国海洋经济的发展历程，大体经历了"3 个阶段"：资源依赖阶段、产业规模粗放扩张阶段和由量向质转变阶段。海洋科技的飞速发展，推动新型海洋产业规模不断发展扩大，成为海洋经济新的增长点。我国海域辽阔、海洋资源丰富，但是多年的粗放式发展使得资源环境问题日益突出，制约了海洋经济的进一步发展。因此，只有不断地进行海洋创新，才能促进海洋经济的健康发展，步入"创新型海洋强国"行列。

"创新型海洋强国"的最主要特征是国家海洋经济社会发展方式与传统的发展模式相比发生了根本的变化。"创新型海洋强国"的判别应主要依据海洋经济增长主要依靠要素(传统的海洋资源消耗和资本)投入来驱动，还主要依靠以知识创造、传播和应用为标志的创新活动来驱动。

"创新型海洋强国"应具备 4 个方面的能力：①较高的海洋创新资源综合投入能力；②较高的海洋知识创造与扩散应用能力；③较高的海洋创新绩效影响表现能力；④良好的海洋创新环境。

三、指标选择原则

1) 评价思路体现海洋可持续发展思想。不仅要考虑海洋创新整体发展环境，还要考虑经济发展、知识成果的可持续性指标，兼顾指数的时间趋势。

2) 数据来源具有权威性。基本数据必须来源于公认的国家官方统计和调查。通过正规渠道定期搜集，确保基本数据的准确性、权威性、持续性和及时性。

3) 指标具有科学性、现实性和可扩展性。海洋创新指数与各项分指数之间逻辑关系严密，分指数的每一个指标都能体现科学性和客观性思想，尽可能减少人为合成指标，各指标均有独特的宏观表征意义，定义相对宽泛，并非对应唯一狭义的数据，便于指标体系的扩展和调整。

4) 评价体系兼顾我国海洋区域特点。选取指标以相对指标为主，兼顾不同区域在海洋创新资源产出效率、创新活动规模和创新领域广度上的不同特点。

5)纵向分析与横向比较相结合。既有纵向的历史发展轨迹回顾分析，也有横向的各沿海区域、各经济区、各经济圈比较和国际比较。

四、指标体系构建

创新是从创新概念提出到研发、知识产出再到商业化应用转化为经济效益的完整过程。海洋创新能力体现在海洋科技知识的产生、流动和转化为经济效益的整个过程中。应该从海洋创新环境、创新资源的投入、知识创造与应用、绩效影响等整个创新链的主要环节来构建指标，评价国家海洋创新能力。

本报告采用综合指数评价方法，从创新过程选择分指数，确定了海洋创新资源、海洋知识创造、海洋创新绩效和海洋创新环境 4 个分指数；遵循指标的选取原则，选择 20 个指标(附表 1-1)，形成国家海洋创新指数评价指标体系，指标均为正向指标；再利用国家海洋创新综合指数及其指标体系对我国海洋创新能力进行综合分析、比较与判断。

附表 1-1　国家海洋创新指数指标体系

综合指数	分指数	指标
国家海洋创新指数 A	海洋创新资源 B_1	1. 研究与发展经费投入强度 C_1
		2. 研究与发展人力投入强度 C_2
		3. R&D 人员中博士人员占比 C_3
		4. 科技活动人员占海洋科研机构从业人员的比例 C_4
		5. 万名科研人员承担的课题数 C_5
	海洋知识创造 B_2	6. 亿美元经济产出的发明专利申请数 C_6
		7. 万名 R&D 人员的发明专利授权数 C_7
		8. 本年出版科技著作 C_8
		9. 万名科研人员发表的科技论文数 C_9
		10. 国外发表的论文数占总论文数的比例 C_{10}
	海洋创新绩效 B_3	11. 海洋科技成果转化率 C_{11}
		12. 海洋科技进步贡献率 C_{12}
		13. 海洋劳动生产率 C_{13}
		14. 科研教育管理服务业占海洋生产总值的比例 C_{14}
		15. 单位能耗的海洋经济产出 C_{15}
		16. 海洋生产总值占国内生产总值的比例 C_{16}
	海洋创新环境 B_4	17. 沿海地区人均海洋生产总值 C_{17}
		18. R&D 经费中设备购置费所占比例 C_{18}
		19. 海洋科研机构科技经费筹集额中政府资金所占比例 C_{19}
		20. R&D 人员人均折合全时工作量 C_{20}

海洋创新资源：反映一个国家海洋创新活动的投入力度、创新型人才资源供给能力及创新所依赖的基础设施投入水平。创新投入是国家海洋创新活动的必要条件，包括科技资金投入和人才资源投入等。

海洋知识创造：反映一个国家的海洋科研产出能力和知识传播能力。海洋知识创造的形式多种多样，产生的效益也是多方面的，本报告主要从海洋发明专利和科技论文等角度考虑海洋创新的知识积累效益。

海洋创新绩效： 反映一个国家开展海洋创新活动所产生的效果和影响。海洋创新绩效分指数从国家海洋创新的效率和效果两个方面选取指标。

海洋创新环境： 反映一个国家海洋创新活动所依赖的外部环境，主要包括相关海洋制度创新和环境创新。其中，制度创新的主体是政府等相关部门，主要体现在政府对创新的政策支持、对创新的资金支持和知识产权管理等方面；环境创新主要指创新的配置能力、创新基础设施、创新基础经济水平、创新金融及文化环境等。

附录二　国家海洋创新指数的指标解释

C_1. 研究与发展经费投入强度

海洋科研机构的 R&D 经费占国内海洋生产总值的比例，也就是国家海洋研发经费投入强度指标，反映国家海洋创新资金投入强度。

C_2. 研究与发展人力投入强度

每万名涉海就业人员中 R&D 人员数，反映一个国家创新人力资源的投入强度。

C_3. R&D 人员中博士人员占比

海洋科研机构内 R&D 人员中博士毕业人员所占比例，反映一个国家海洋科技活动的顶尖人才力量。

C_4. 科技活动人员占海洋科研机构从业人员的比例

海洋科研机构内从业人员中科技活动人员所占比例，反映一个国家海洋创新活动科研力量的强度。

C_5. 万名科研人员承担的课题数

平均每万名科研人员承担的国内课题数，反映海洋科研人员从事创新活动的强度。

C_6. 亿美元经济产出的发明专利申请数

一国海洋发明专利申请数量除以海洋生产总值(以汇率折算的亿美元为单位)。该指标反映了相对于经济产出的技术产出量和一个国家海洋创新活动的活跃程度。3 种专利(发明专利、实用新型专利和外观设计专利)中发明专利技术含量和价值最高，发明专利申请数可以反映一个国家海洋创新活动的活跃程度和自主创新能力。

C_7. 万名 R&D 人员的发明专利授权数

平均每万名 R&D 人员的国内发明专利授权量，反映一个国家的自主创新能力和技术创新能力。

C_8. 本年出版科技著作

指经过正式出版部门编印出版的科技专著、大专院校教科书、科普著作。只统计本单位科技人员为第一作者的著作，同一书名计为一种著作，与书的发行量无关，反映一个国家海洋科学研究的产出能力。

C_9. 万名科研人员发表的科技论文数

平均每万名科研人员发表的科技论文数，反映科学研究的产出效率。

C_{10}. 国外发表的论文数占总论文数的比例

一国发表的科技论文中，在国外发表的论文所占比例，可反映科技论文相关研究的国际化水平。

C_{11}. 海洋科技成果转化率

衡量海洋科技创新成果转化为商业开发产品的指数，是指为提高生产力水平而对科学研究与技术开发所产生的具有实用价值的海洋科技成果所进行的后续试验、开发、应用、推广直至形成新产品、新工艺、新材料，发展新产业等活动数量占海洋科技成果总量的比值。

C_{12}. 海洋科技进步贡献率

海洋科技进步贡献率的定义应以海洋科技进步增长率的定义为基础，是指在海洋经济各行业中，海洋科技进步增长率在整个海洋经济增长率中所占的比例。而海洋科技进步增长率则是指人类利用海洋资源和海洋空间进行各类社会生产、交换、分配和消费等活动时，剔除资金和劳动等生产要素以外其他要素的增长，具体是指由技术创新、技术扩散、技术转移与引进的装备技术水平的提高，技术工艺的改良，劳动者素质的提升及管理决策能力的增强等。

C_{13}. 海洋劳动生产率

采用涉海就业人员的人均海洋生产总值，反映海洋创新活动对海洋经济产出的作用。

C_{14}. 科研教育管理服务业占海洋生产总值比例

反映海洋科研、教育、管理及服务等活动对海洋经济的贡献程度。

C_{15}. 单位能耗的海洋经济产出

采用万吨标准煤能源消耗的海洋生产总值，用来测度海洋创新带来的减少资源消耗的效果，也反映一个国家海洋经济增长的集约化水平。

C_{16}. 海洋生产总值占国内生产总值的比例

反映海洋经济对国民经济的贡献，用来测度海洋创新对海洋经济的推动作用。

C_{17}. 沿海地区人均海洋生产总值

按沿海地区人口平均的海洋生产总值，它在一定程度上反映了沿海地区人民的生活水平，可以衡量海洋生产力的增长情况和海洋创新活动所处的外部环境。

C_{18}. R&D 经费中设备购置费所占比例

海洋科研机构的 R&D 经费中设备购置费所占比例，反映海洋创新所需的硬件设备条件，在一定程度上反映海洋创新的硬环境。

C₁₉. 海洋科研机构科技经费筹集额中政府资金所占比例

反映政府投资对海洋创新的促进作用及海洋创新所处的制度环境。

C₂₀. R&D 人员人均折合全时工作量

反映一个国家海洋科技人力资源投入的工作量与全时工作能力。

附录三　国家海洋创新指数评价方法

国家海洋创新指数的计算方法采用国际上流行的标杆分析法，即国际竞争力评价采用的方法。标杆分析法是目前国际上广泛采用的一种评价方法，其原理是：对被评价的对象给出一个基准值，并以该标准去衡量所有被评价的对象，从而发现彼此之间的差距，给出排序结果。

采用海洋创新评价指标体系中的指标，利用 2004～2017 年的指标数据，分别计算基年之后各年的海洋创新指数与分指数得分，与基年比较即可看出国家海洋创新指数增长情况。

一、原始数据标准化处理

设定 2004 年为基准年，基准值为 100。对国家海洋创新指数指标体系中 20 个指标的原始值进行标准化处理。具体操作为

$$C_j^t = \frac{100x_j^t}{x_j^1}$$

式中，j=1～20，为指标序列编号；t=1～14，为 2004～2017 年编号；x_j^t 表示各年各项指标的原始数据值（x_j^1 表示 2004 年各项指标的原始数据值）；C_j^t 表示各年各项指标标准化处理后的值。

二、国家海洋创新分指数测算

采用等权重①（下同）测算各年国家海洋创新指数分指数得分。

当 i=1 时，$B_1^t = \sum_{j=1}^{5} \beta_1 C_j^t$，其中 $\beta_1 = \frac{1}{5}$

当 i=2 时，$B_2^t = \sum_{j=6}^{10} \beta_2 C_j^t$，其中 $\beta_2 = \frac{1}{5}$

当 i=3 时，$B_3^t = \sum_{j=11}^{16} \beta_3 C_j^t$，其中 $\beta_3 = \frac{1}{6}$

当 i=4 时，$B_4^t = \sum_{j=17}^{20} \beta_4 C_j^t$，其中 $\beta_4 = \frac{1}{4}$

式中，t=1～14，B_1^t、B_2^t、B_3^t、B_4^t 依次代表各年海洋创新资源分指数、海洋知识创造分指数、海洋

---

① 采用《国家海洋创新指数报告 2016》的权重选取方法，取等权重

创新绩效分指数和海洋创新环境分指数的得分。

三、国家海洋创新指数测算

采用等权重(同上)测算国家海洋创新指数得分,即

$$A^t = \sum_{i=1}^{4} \varpi B_i^t$$

式中,$i=1\sim4$;$t=1\sim14$;ϖ 为权重(等权重为 $\frac{1}{4}$);A^t 为各年的国家海洋创新指数得分。

附录四　区域海洋创新指数的评价方法

一、区域海洋创新指数指标体系说明

区域海洋创新指数由海洋创新资源、海洋知识创造、海洋创新绩效和海洋创新环境 4 个分指数构成。与国家海洋创新指数指标体系相比,区域海洋创新绩效分指数缺少"海洋科技进步贡献率"和"海洋科技成果转化率"两个指标。

二、原始数据归一化处理

对 2017 年 18 个指标的原始值分别进行归一化处理。归一化处理是为了消除多指标综合评价中计量单位的差异和指标数值的数量级、相对数形式的差别,解决数据指标的可比性问题,使各指标处于同一数量级,便于进行综合对比分析。

指标数据处理采用直线型归一化方法,即

$$c_{ij} = \frac{y_{ij} - \min y_{ij}}{\max y_{ij} - \min y_{ij}}$$

式中,$i=1\sim11$,为我国 11 个沿海省(自治区、直辖市)序列号;$j=1\sim18$,为指标序列号;y_{ij} 表示各项指标的原始数据值;c_{ij} 表示各项指标归一化处理后的值。

三、区域海洋创新分指数的计算

区域海洋创新资源分指数得分 $b_1 = 100 \times \sum_{j=1}^{5} \phi_1 c_j$,其中 $\phi_1 = \frac{1}{5}$

区域海洋知识创造分指数得分 $b_2 = 100 \times \sum_{j=6}^{10} \phi_2 c_j$,其中 $\phi_2 = \frac{1}{5}$

区域海洋创新绩效分指数得分 $b_3 = 100 \times \sum_{j=11}^{14} \phi_3 c_j$,其中 $\phi_3 = \frac{1}{4}$

区域海洋创新环境分指数得分 $b_4 = 100 \times \sum_{j=15}^{18} \phi_4 c_j$,其中 $\phi_4 = \frac{1}{4}$

式中,$j=1\sim18$;b_1、b_2、b_3、b_4 依次代表区域海洋创新资源分指数、海洋知识创造分指数、海洋创新绩效分指数和海洋创新环境分指数的得分。

四、区域海洋创新指数的计算

采用等权重（同国家海洋创新指数）测算区域海洋创新指数得分。

$$a = \frac{1}{4}(b_1 + b_2 + b_3 + b_4)$$

式中，a 为区域海洋创新指数得分。

附录五　海洋科技进步贡献率的测算方法

目前，进行科技进步贡献率测算所采用的广泛且常用的方法是索洛余值法，这也是国家发展和改革委员会、国家统计局及科学技术部等普遍使用的方法。

索洛余值法以科布-道格拉斯生产函数作为基础模型，该方法表明了经济增长除了取决于资本增长率、劳动增长率及资本和劳动对收入增长的相对作用的权数以外，还取决于技术进步，区分了由要素数量增加而产生的"增长效应"和因要素技术水平提高而带来经济增长的"水平效应"，系统地解释了经济增长的原因。

海洋经济涉及多个行业和部门，为了综合反映海洋类各行业的科技进步对海洋经济整体增长的贡献，需要对海洋类各行业进行全面测算，再按照各行业经济总产值在海洋经济整体中所占的比例，将各行业的科技进步在增长速度测算阶段进行汇总加权，得出海洋科技进步增长率，并进一步测算得出海洋科技进步贡献率。

根据海洋科技进步贡献率的理论内涵和特点，海洋科技进步贡献率可涉及的海洋产业范围有：直接从海洋中获取产品的生产和服务；直接对从海洋中获取的产品所进行的一次性加工生产和服务；直接应用于海洋的产品生产和服务；利用海水或海洋空间作为生产过程的基本要素所进行的生产和服务。其中，海洋科学研究、教育、技术等其他服务和管理范畴不适宜纳入海洋科技进步贡献率测算范围。

结合我国海洋科技的特点，通过对 8 个海洋产业的产出增长率、资本增长率和劳动增长率进行行业加权，构建海洋科技进步贡献率测算的基本公式，公式推导过程如下。

令 i 个产业（$i = 1,2,3,\cdots,8$）分别代表海洋养殖、海洋捕捞、海洋盐业、海洋船舶工业、海洋石油、海洋天然气、海洋交通运输、滨海旅游等 8 个行业。

$y_i(t)$ 表示第 i 产业 t 期的产出增长率，其中 $t \in [t_1, t_2]$；$k_i(t)$ 与 $l_i(t)$ 分别表示 t 期的资本与劳动投入增长率，其中 $t \in [t_1, t_2]$；γ_i 代表第 i 产业在总海洋产业中的权重。

k_i，l_i，y_i 分别表示 $k_i(t)$，$l_i(t)$，$y_i(t)$ 研究区间 t_1 至 t_2 内的平均值，即

$$k_i = \frac{\sum\limits_{t=t_1}^{t_2} k_i(t)}{n}，\quad l_i = \frac{\sum\limits_{t=t_1}^{t_2} l_i(t)}{n}，\quad y_i = \frac{\sum\limits_{t=t_1}^{t_2} y_i(t)}{n}，\quad 其中 n = t_2 - t_1$$

k，l，y 分别表示 k_i，l_i，y_i 的加权平均值，即

$$k = \sum_{i=1}^{8} k_i \gamma_i，\quad l = \sum_{i=1}^{8} l_i \gamma_i，\quad y = \sum_{i=1}^{8} y_i \gamma_i$$

由此可得出公式：

$$A = 1 - \frac{\alpha k}{y} - \frac{\beta l}{y} = 1 - \frac{\alpha \sum\limits_{i=1}^{8} k_i \gamma_i}{\sum\limits_{i=1}^{8} y_i \gamma_i} - \frac{\beta \sum\limits_{i=1}^{8} l_i \gamma_i}{\sum\limits_{i=1}^{8} y_i \gamma_i}$$

$$= 1 - \frac{\alpha \sum\limits_{i=1}^{8} \dfrac{\sum\limits_{i=t_1}^{t_2} k_i(t)}{n}}{\sum\limits_{i=1}^{8} \dfrac{\sum\limits_{i=t_1}^{t_2} y_i(t)}{n} \gamma_i} - \frac{\beta \sum\limits_{i=1}^{8} \dfrac{\sum\limits_{i=t_1}^{t_2} l_i(t)}{n}}{\sum\limits_{i=1}^{8} \dfrac{\sum\limits_{i=t_1}^{t_2} y_i(t)}{n} \gamma_i}$$

式中，A 表示研究期内的海洋科技进步贡献率；α 与 β 分别表示海洋产业资本和劳动的弹性系数。

在指标时长的选取方面，由于海洋科技对海洋经济的影响是长期的，海洋科技进步贡献率的测算时间在 10 年以上为妥，最少 5 年。综合考虑海洋管理实际需要和海洋数据年限限制，本研究在"十一五"期间指标测算和"十二五"期间指标短期预测时使用 5 年数据平均值，其他测算和长期预测使用 10 年数据平均值（根据 2006～2016 年时长而定）。

在海洋产业的选取上，根据《中国海洋统计年鉴 2017》，2016 年我国主要海洋产业包括海洋渔业（16.20%）、海洋油气业（3.03%）、海洋矿业（0.24%）、海洋盐业（0.14%）、海洋船舶工业（4.58%）、海洋化工业（3.55%）、海洋生物医药业（1.17%）、海洋工程建筑业（7.58%）、海洋电力业（0.44%）、海水利用业（0.05%）、海洋交通运输业（20.96%）和滨海旅游业（42.05%）十二大产业（附表 5-1）。经初步筛选和可行性分析，确定数据可支持的 8 个可测算行业包括：海水养殖业、海洋捕捞业、海洋盐业、海洋船舶工业、海洋石油业、海洋天然气产业、海洋交通运输业、滨海旅游业。以上 8 个海洋行业的产值总和约占主要海洋产业总值的 86.96%，基本能够有效地反映我国海洋经济发展情况。

附表 5-1　2016 年我国主要海洋产业增加值

主要海洋产业	增加值（亿元）	占比（%）
海洋渔业	4 641.1	16.20
海洋油气业	868.8	3.03
海洋矿业	68.8	0.24
海洋盐业	39.2	0.14
海洋船舶工业	1 312.2	4.58
海洋化工业	1 017.1	3.55
海洋生物医药业	336	1.17
海洋工程建筑业	2 172.2	7.58
海洋电力业	125.6	0.44
海水利用业	14.6	0.05
海洋交通运输业	6 003.7	20.96
滨海旅游业	12 047	42.05
合计	28 646.3	—

在弹性系数的确定方面，计算海洋科技进步贡献率时，可采用经验估计法、比值法、回归法确定资本和劳动产出弹性系数。经验估计法是指借鉴其他权威专家所测算出的系数；比值法的原理是

利用与资本投入量和劳动投入量有关的数据计算两者的比值；回归法是指采用有约束(即 $\alpha+\beta=1$)或无约束的生产函数模型，代入相应数值后，根据计量方法(即利用最小二乘法进行回归)估算出两个弹性系数。本次测算采用的是 $\alpha=0.3$，$\beta=0.7$。

在权重的确定方面，根据《中国海洋统计年鉴》中我国"十二五"期间 8 个海洋行业的产值情况，确定各行业权重值(附表 5-2)。

附表 5-2　各行业权重值

行业	权重	行业	权重
海水养殖业	0.1096	海洋石油业	0.0709
海洋捕捞业	0.0810	海洋天然气产业	0.0045
海洋盐业	0.0003	海洋交通运输业	0.2489
海洋船舶工业	0.0664	滨海旅游业	0.4154

在数据来源方面，本研究使用的代表海洋产业产值、资本和劳动的指标数据均来源于相应年份的《中国海洋统计年鉴》(附表 5-3)。从数据基础来看，目前可用于测算的连续数据为 1996～2016 年的海洋产业产值、资本和劳动数据(对个别缺失数据进行趋势拟合插值)。

附表 5-3　八大产业的产出、资本和劳动指标

八大产业	产出指标	资本指标	劳动指标
海水养殖业	海水养殖产量	海水养殖面积	海洋渔业及相关产业就业人员数
海洋捕捞业	海洋捕捞产量	主要海上活动船舶总吨	海洋渔业及相关产业就业人员数
海洋盐业	沿海地区海盐产量	盐业生产面积	海洋盐业就业人员数
海洋船舶工业	海洋船舶工业增加值	沿海地区造船完工量	海洋船舶工业就业人员数
海洋石油业	沿海地区海洋原油产量	海洋采油井	海洋石油和天然气业就业人员数
海洋天然气产业	沿海地区海洋天然气产量	海洋采气井	海洋石油和天然气业就业人员数
海洋交通运输业	海洋交通运输业增加值	沿海规模以上港口生产用码头泊位个数	海洋交通运输业就业人员数
滨海旅游业	滨海旅游业增加值	沿海地区旅行社总数	滨海旅游业就业人员数

将各行业的基准数据代入海洋科技进步贡献率计算公式，经调整和验证，得出我国"十一五"期间海洋科技进步贡献率的平均值为 54.4%，2006～2016 年海洋科技进步贡献率的平均值为 65.9%。

附录六　海洋科技成果转化率的测算方法

海洋科技成果转化率的定义源于科技成果转化率。在科技成果转化率的研究方面，国外学者很少直接使用"科技成果转化"，而是用"科技经济一体化""技术创新""技术转化""技术推广""技术扩散"或"技术转移"来代替，且国外并没有针对全社会领域进行科技成果转化情况的统计或评价。

从国内来看，各领域学者对于科技成果转化率的定义不尽相同，主要可归纳为以下 3 种观点。

观点一：科技成果转化率是指已转化的科技成果占应用技术科技成果的比率。学者认为"已转化的科技成果"并非指所有一切得到"转化"的科技成果。将应用技术成果用于生产并考察市场对该技术成果的可接受程度和直接利益或间接利益，若该应用技术成果可成功转化为商品并取得规模效益，则说明该项应用技术成果实现了转化。

观点二：科技成果转化率即已转化的科技成果占全部科技成果的比率。学者认为，大多数的基础理论研究成果和部分软科学研究成果虽然无法直接应用于实际生产且成果转化的量化程度偏低，但其依然能够在一定程度上推动科技的进步与产业结构的调整和优化，因此建议将基础理论研究成果和软科学研究成果的转化情况纳入科技成果转化。

观点三：从管理角度来说，科技成果转化率应表示科技成果占全部研究课题的比率。

对于观点二来说，由于海洋领域的基础研究成果和软科学研究成果几乎都不能直接应用于生产实际，难以实现海洋科技成果的转化，因此不应采纳这一观点。对于观点三来说，定义中涉及的"科技成果"和"研究课题"来源于两套不同的海洋统计数据，其中"科技成果"来源于海洋科技统计数据，"研究课题"来源于海洋科技成果统计数据，因此这一观点不能正确地反映实际海洋科技成果转化情况。

因此，本报告建议采用观点一对海洋科技成果转化率进行定义：海洋科技成果转化率是指一定时期内涉海单位进行自我转化或转化生产，处于投入应用或生产状态，并达到成熟应用的海洋科技成果占全部海洋科技应用技术成果的百分率。

根据海洋科技成果转化率的定义，可构建海洋科技成果转化率的公式：

$$海洋科技成果转化率 = 成熟应用的海洋科技成果/全部海洋科技应用技术成果 \times 100\%$$

由于海洋科技成果的转化是一个长期的过程，在测算海洋科技成果转化率时，覆盖周期越长，指标越符合实际。

需要注意的是，本报告所探讨的海洋科技成果转化率是狭义上的指标，公式中"成熟应用的海洋科技成果"和"全部海洋科技应用技术成果"均来自于海洋科技成果登记数据。从广义上来说，海洋科研课题、专利、论文、奖励、标准、软件著作权都属于海洋科技成果，难以统计且相互之间存在交叉重叠；从海洋科技成果形成到初步应用，再到形成产品，直至达到规模化、产业化阶段，都可以算作海洋科技成果转化过程，难以辨别衡量。

基于海洋科技成果统计数据，运用海洋科技成果转化率的标准公式进行计算，可得出 2017 年我国海洋科技成果转化率约为 50.0%。

根据科技成果登记表，可将应用技术成果分为 3 个阶段。初期阶段指实验室、小试等初期阶段的研究成果。中期阶段指新产品、新工艺、新生产过程直接用于生产前，为从技术上进一步改进产品、工艺或生产过程而进行的中间试验(中试)；为进行产品定型设计，获取生产所需技术参数而制备的样机、试样；为广泛推广而作的示范；为达到成熟应用阶段、广泛推广而进行的阶段性研究成果。成熟应用阶段指工业化生产、正式(或可正式)投入应用的成果，包括农业技术大面积推广，医疗卫生的临床应用，公安、军工的正样、定型等成果。

附录七　区域分类依据及相关概念界定

一、沿海省(自治区、直辖市)

我国沿海 11 个省(自治区、直辖市)，具体包括天津、河北、辽宁、上海、江苏、浙江、福建、山东、广东、广西和海南。

二、海洋经济区

我国有五大海洋经济区，分别为环渤海经济区、长江三角洲经济区、海峡西岸经济区、珠江三角洲经济区和环北部湾经济区。其中环渤海经济区中纳入评价的沿海省(直辖市)为辽宁、河北、山东、天津；长江三角洲经济区中纳入评价的沿海省（直辖市）为江苏、上海、浙江；海峡西岸经济区中纳入评价的沿海省为福建；珠江三角洲经济区中纳入评价的沿海省为广东；环北部湾经济区中纳入评价的沿海省（自治区）为广西和海南。

三、海洋经济圈

海洋经济圈分区依据《全国海洋经济发展"十二五"规划》，分别为北部海洋经济圈、东部海洋经济圈和南部海洋经济圈。北部海洋经济圈由辽东半岛、渤海湾和山东半岛沿岸及海域组成，本报告纳入评价的沿海省（直辖市）包括天津、河北、辽宁和山东；东部海洋经济圈由江苏、上海、浙江沿岸及海域组成，纳入评价的沿海省（直辖市）包括江苏、浙江和上海；南部海洋经济圈由福建、珠江口及其两翼、北部湾、海南岛沿岸及海域组成，即纳入评价的沿海省（自治区）包括福建、广东、广西和海南。

附录八　主要涉海高等学校清单（含涉海比例系数）

一、教育部直属高等学校

北京大学（0.0932，根据北京大学的涉海专业数占专业总数的比例确定涉海比例系数，下同）、清华大学（0.0256）、北京师范大学（0.1373）、中国地质大学（北京）（0.2381）、天津大学（0.0877）、大连理工大学（0.0886）、上海交通大学（0.0484）、南京大学（0.1163）、河海大学（0.9020）、浙江大学（0.1102）、厦门大学（0.0707）、中国海洋大学（0.8462）、武汉大学（0.0645）、中国地质大学（武汉）（0.2258）、中山大学（0.1280）、同济大学（0.0859）、华东师范大学（0.0789）、华中科技大学（0.0566）、华南理工大学（0.0490）。

二、工业和信息化部直属高等学校

哈尔滨工业大学（0.0462）。

三、交通运输部直属高等学校

大连海事大学（0.9348）。

四、地方高等学校

上海海洋大学（0.3191）、广东海洋大学（0.2200）、大连海洋大学（0.9545）、浙江海洋学院（0.8913）、宁波大学（0.1935）、集美大学（0.2388）、南京信息工程大学（0.2759）、海南热带海洋学院（0.1964）。

附录九　涉海学科清单（教育部学科分类）

涉海学科清单（教育部学科分类）

代码	学科名称	说明
140	**物理学**	
14020	声学	
1402050	水声和海洋声学	原名为"水声学"
14030	光学	
1403064	海洋光学	

续表

代码	学科名称	说明
170	**地球科学**	
17050	地质学	
1705077	石油与天然气地质学	含天然气水合物地质学
17060	海洋科学	
1706010	海洋物理学	
1706015	海洋化学	
1706020	海洋地球物理学	
1706025	海洋气象学	
1706030	海洋地质学	
1706035	物理海洋学	
1706040	海洋生物学	
1706045	海洋地理学和河口海岸学	原名为"河口、海岸学"
1706050	海洋调查与监测	
	海洋工程	见 41630
	海洋测绘学	见 42050
1706061	遥感海洋学	亦名卫星海洋学
1706065	海洋生态学	
1706070	环境海洋学	
1706075	海洋资源学	
1706080	极地科学	
1706099	海洋科学其他学科	
240	**水产学**	
24010	水产学基础学科	
2401010	水产化学	
2401020	水产地理学	
2401030	水产生物学	
2401033	水产遗传育种学	
2401036	水产动物医学	
2401040	水域生态学	
2401099	水产学基础学科其他学科	
24015	水产增殖学	
24020	水产养殖学	
24025	水产饲料学	
24030	水产保护学	
24035	捕捞学	
24040	水产品贮藏与加工	
24045	水产工程学	
24050	水产资源学	
24055	水产经济学	
24099	水产学其他学科	

续表

代码	学科名称	说明
340	**军事医学与特种医学**	
34020	特种医学	
3402020	潜水医学	
3402030	航海医学	
413	**信息与系统科学相关工程与技术**	
41330	信息技术系统性应用	
4133030	海洋信息技术	
416	**自然科学相关工程与技术**	
41630	海洋工程与技术	代码原为 57050，原名为"海洋工程"
4163010	海洋工程结构与施工	代码原为 5705010
4163015	海底矿产开发	代码原为 5705020
4163020	海水资源利用	代码原为 5705030
4163025	海洋环境工程	代码原为 5705040
4163030	海岸工程	
4163035	近海工程	
4163040	深海工程	
4163045	海洋资源开发利用技术	包括海洋矿产资源、海水资源、海洋生物、海洋能开发技术等
4163050	海洋观测预报技术	包括海洋水下技术、海洋观测技术、海洋遥感技术、海洋预报预测技术等
4163055	海洋环境保护技术	
4163099	海洋工程与技术其他学科	代码原为 5705099
420	**测绘科学技术**	
42050	海洋测绘	
4205010	海洋大地测量	
4205015	海洋重力测量	
4205020	海洋磁力测量	
4205025	海洋跃层测量	
4205030	海洋声速测量	
4205035	海道测量	
4205040	海底地形测量	
4205045	海图制图	
4205050	海洋工程测量	
4205099	海洋测绘其他学科	
480	**能源科学技术**	
48060	一次能源	
4806020	石油、天然气能	
4806030	水能	包括海洋能等
4806040	风能	
4806085	天然气水合物能	

续表

代码	学科名称	说明
490	**核科学技术**	
49050	核动力工程技术	
4905010	舰船核动力	
570	**水利工程**	
57010	水利工程基础学科	
5701020	河流与海岸动力学	
580	**交通运输工程**	
58040	水路运输	
5804010	航海技术与装备工程	原名为"航海学"
5804020	船舶通信与导航工程	原名为"导航建筑物与航标工程"
5804030	航道工程	
5804040	港口工程	
5804080	海事技术与装备工程	
58050	船舶、舰船工程	
610	**环境科学技术及资源科学技术**	
61020	环境学	
6102020	水体环境学	包括海洋环境学
620	**安全科学技术**	
62010	安全科学技术基础学科	
6201030	灾害学	包括灾害物理、灾害化学、灾害毒理等
780	**考古学**	
78060	专门考古	
7806070	水下考古	
790	**经济学**	
79049	资源经济学	
7904910	海洋资源经济学	
830	**军事学**	
83030	战役学	
8303020	海军战役学	
83035	战术学	
8303530	海军战术学	

　　说明：根据二级学科所包含的涉海学科(三级学科)数占其所包含的三级学科总数的比例确定二级学科涉海比例系数如下：声学(0.06)、光学(0.06)、地质学(0.04)、海洋科学(1)、水产学基础学科(1)、水产增殖学(1)、水产养殖学(1)、水产饲料学(1)、水产保护学(1)、捕捞学(1)、水产品贮藏与加工(1)、水产工程学(1)、水产资源学(1)、水产经济学(1)、水产学其他学科(1)、特种医学(0.33)、信息技术系统性应用(0.25)、海洋工程与技术(1)、海洋测绘(1)、一次能源(0.36)、核动力工程技术(0.20)、水利工程基础学科(0.25)、水路运输(0.56)、船舶、舰船工程(1)、环境学(0.17)、安全科学技术基础学科(0.17)、专门考古(0.11)、资源经济学(0.17)、战役学(0.17)、战术学(0.17)。

编 制 说 明

为响应国家海洋创新战略，服务国家创新体系建设，国家海洋局第一海洋研究所(现称自然资源部第一海洋研究所)自 2006 年起着手开展海洋创新指标的测算工作，并于 2013 年正式启动国家海洋创新指数的研究工作。《国家海洋创新指数报告 2019》是相关系列报告的第 9 本，现将有关情况说明如下。

一、需求分析

创新驱动发展已经成为我国的国家发展战略，《中共中央关于全面深化改革若干重大问题的决定》明确提出要"建设国家创新体系"。海洋创新是建设创新型国家的关键领域，也是国家创新体系的重要组成部分。探索构建国家海洋创新指数，评价我国国家海洋创新能力，对海洋强国的建设意义重大。国家海洋创新指数系列报告编制的必要性主要表现在以下 4 个方面。

(一)全面摸清我国海洋创新家底的迫切需要

搜集海洋经济统计、科技统计和科技成果登记等海洋创新数据，全面摸清我国海洋创新家底，是客观分析我国国家海洋创新能力的基础。

(二)深入把握我国海洋创新发展趋势的客观需要

从海洋创新资源、海洋知识创造、海洋创新绩效和海洋创新环境 4 个方面，挖掘分析海洋创新数据，深入把握我国海洋创新发展趋势，以满足认清我国海洋创新路径与方式的客观需要。

(三)准确测算我国海洋创新重要指标的实际需要

对海洋科技进步贡献率、海洋科技成果转化率等海洋创新重要指标进行测算和预测，切实反映我国海洋创新的质量和效率，为我国海洋创新政策的制定提供系列重要指标支撑。

(四)全面了解国际海洋创新发展态势的现实需要

分析国际海洋创新发展态势，从海洋领域产出的论文与专利等方面分析国际海洋创新在基础研究和技术研发层面上的发展态势，全面了解国际海洋创新发展态势，为我国海洋创新发展提供参考。

二、编制依据

(一)十九大报告

党的十九大报告明确提出要"加快建设创新型国家"，并指出"创新是引领发展的第一动力，是建设现代化经济体系的战略支撑。要瞄准世界科技前沿，强化基础研究""加强国家创新体系建设，强化战略科技力量""坚持陆海统筹，加快建设海洋强国"。

(二)十八届五中全会报告

十八届五中全会报告指出，"必须把创新摆在国家发展全局的核心位置，不断推进理论创新、制度创新、科技创新、文化创新等各方面创新，让创新贯穿党和国家一切工作，让创新在全社会蔚然成风"。

（三）《国家创新驱动发展战略纲要》

中共中央、国务院 2016 年 5 月印发的《国家创新驱动发展战略纲要》指出，"党的十八大提出实施创新驱动发展战略，强调科技创新是提高社会生产力和综合国力的战略支撑，必须摆在国家发展全局的核心位置。这是中央在新的发展阶段确立的立足全局、面向全球、聚焦关键、带动整体的国家重大发展战略"。

（四）《中华人民共和国国民经济和社会发展第十三个五年规划纲要》

《中华人民共和国国民经济和社会发展第十三个五年规划纲要》提出创新驱动主要指标，强化科技创新引领作用，并指出"把发展基点放在创新上，以科技创新为核心，以人才发展为支撑，推动科技创新与大众创业万众创新有机结合，塑造更多依靠创新驱动、更多发挥先发优势的引领型发展"。

（五）《推动共建丝绸之路经济带和 21 世纪海上丝绸之路的愿景与行动》

《推动共建丝绸之路经济带和 21 世纪海上丝绸之路的愿景与行动》提出"创新开放型经济体制机制，加大科技创新力度，形成参与和引领国际合作竞争新优势，成为'一带一路'特别是 21 世纪海上丝绸之路建设的排头兵和主力军"的发展思路。

（六）《中共中央关于全面深化改革若干重大问题的决定》

《中共中央关于全面深化改革若干重大问题的决定》明确提出要"建设国家创新体系"。

（七）《"十三五"国家科技创新规划》

《"十三五"国家科技创新规划》提出"'十三五'时期是全面建成小康社会和进入创新型国家行列的决胜阶段，是深入实施创新驱动发展战略、全面深化科技体制改革的关键时期，必须认真贯彻落实党中央、国务院决策部署，面向全球、立足全局，深刻认识并准确把握经济发展新常态的新要求和国内外科技创新的新趋势，系统谋划创新发展新路径，以科技创新为引领开拓发展新境界，加速迈进创新型国家行列，加快建设世界科技强国"。

（八）《海洋科技创新总体规划》

《海洋科技创新总体规划》战略研究首次工作会上提出"要围绕'总体'和'创新'做好海洋战略研究""要认清创新路径和方式，评价好'家底'"。

（九）《"十三五"海洋领域科技创新专项规划》

《"十三五"海洋领域科技创新专项规划》明确提出"进一步建设完善国家海洋科技创新体系，提升我国海洋科技创新能力，显著增强科技创新对提高海洋产业发展的支撑作用"。

（十）《全国海洋经济发展规划纲要》

《全国海洋经济发展规划纲要》提出要"逐步把我国建设成为海洋强国"。

（十一）《全国科技兴海规划纲要（2016～2020 年）》

《全国科技兴海规划纲要（2016～2020 年）》提出，"到 2020 年，形成有利于创新驱动发展的科技兴海长效机制，构建起链式布局、优势互补、协同创新、集聚转化的海洋科技成果转移转化体系。海洋科技引领海洋生物医药与制品、海洋高端装备制造、海水淡化与综合利用等产业持续壮大的能力显著增强，培育海洋新材料、海洋环境保护、现代海洋服务等新兴产业的能力不断加强，支撑海洋综合管理和公益服务的能力明显提升。海洋科技成果转化率超过 55%，海洋科技进步对海洋经济增长贡献率超过 60%，发明专利拥有量年均增长率达到 20%，海洋高端装备自给率达到 50%。基本形成海洋经济和海洋事业互动互进、融合发展的局面，为海洋强国建设和我国进入创新型国家行列奠定坚实基础"。

（十二）《国家中长期科学和技术发展规划纲要（2006～2020 年）》

《国家中长期科学和技术发展规划纲要（2006～2020 年）》提出，要"把提高自主创新能力作为调整经济结构、转变增长方式、提高国家竞争力的中心环节，把建设创新型国家作为面向未来的重大战略选择"，并指出科技工作的指导方针是"自主创新，重点跨越，支撑发展，引领未来"，强调要"全面推进中国特色国家创新体系建设，大幅度提高国家自主创新能力"。

三、数据来源

《国家海洋创新指数报告 2019》所用数据来源如下。

①《中国统计年鉴》；②《中国海洋统计年鉴》；③科学技术部科技统计数据；④教育部涉海高校和涉海学科科技统计数据；⑤中国科学院兰州文献情报中心海洋科学论文、海洋专利等数据；⑥中国科学引文数据库（Chinese Science Citation Database，CSCD）；⑦科学引文索引扩展版（Science Citation Index Expanded，SCIE）数据库；⑧德温特专利索引（Derwent Innovation Index，DII）数据库；⑨工程索引（Engineering Index，EI）；⑩海洋科技成果登记数据；⑪《高等学校科技统计资料汇编》；⑫其他公开出版物。

四、编制过程

《国家海洋创新指数报告 2019》受国家海洋局科学技术司委托，由自然资源部第一海洋研究所海洋政策研究中心组织编写；中国科学院兰州文献情报中心参与编写了海洋论文、专利和国际海洋科技创新态势分析等部分；科学技术部创新发展司、教育部科学技术司、国家海洋信息中心等单位、部门提供了数据支持。编制过程分为前期准备阶段、数据测算与报告编制完善阶段、报告评审与修改完善阶段等 3 个阶段，具体介绍如下。

（一）前期准备阶段

形成基本思路。2019 年 1～2 月，国家海洋创新指数评价系列报告第一期（《国家海洋创新指数试评估报告 2013》）、第二期（《国家海洋创新指数试评估报告 2014》）、第三期（《国家海洋创新指数报告 2015》）、第四期（《国家海洋创新指数报告 2016》）、第五期《国家海洋创新指数报告 2017～2018》分别在 2015 年 5 月、2015 年 12 月、2016 年 12 月、2018 年 1 月和 2019 年 3 月出版。2019 年初，在《国家海洋创新指数报告 2019》前期工作的基础上，经过多次研究讨论和交流沟通，总结归纳前五期的经验和不足之处，形成《国家海洋创新指数报告 2019》的编制思路，编写《国家海洋创新指数报告 2019》的具体方案。

收集数据。2019 年 1 月，顺利从国家海洋信息中心和教育部科学技术司获取海洋科研机构科技创新数据、《高等学校科技统计资料汇编》相关数据和涉海高等学校按照涉海学科(一级)提取的涉海科技创新数据。同时，与中国科学院兰州文献情报中心合作，获取海洋领域 SCI 论文和海洋专利等数据。

组建报告编写组与指标测算组。2019 年 1 月，在自然资源部科技发展司和国家海洋创新指数试评价顾问组的指导下，在《国家海洋创新指数报告 2017～2018》原编写组基础上，组建《国家海洋创新指数报告 2019》编写组与指标测算组。

(二)数据测算与报告编制完善阶段

数据处理与分析。2019 年 1～2 月，对海洋科研机构科技创新数据及《中国统计年鉴》、《中国海洋统计年鉴》、《高等学校科技统计资料汇编》、涉海高等学校按照涉海学科(一级)提取的涉海科技创新数据等来源数据，进行数据处理与分析。

数据测算。2019 年 2 月 20 日～4 月 10 日，测算海洋科技成果转化率，并根据相应的评价方法测算国家海洋创新指数和区域海洋创新指数。

报告文本初稿编写。2019 年 4 月 11 日～5 月 20 日，根据数据分析结果和指标测算结果，完成报告第一稿的编写。

数据第一轮复核。2019 年 5 月 21 日～6 月 3 日，组织测算组进行数据第一轮复核，重点检查数据来源、数据处理过程与图表。

报告文本第二稿修改。2019 年 5 月 31 日～6 月 17 日，根据数据复核结果和指标测算结果，修改报告初稿，形成征求意见文本第二稿。

数据第二轮复核。2019 年 6 月 17～7 月 1 日，组织测算组进行数据第二轮复核，流程按照逆向复核的方式，根据文本内容依次检查图表、数据处理过程、数据来源。

数据第三轮复核。2019 年 7 月 1～9 日，按照顺向与逆向结合复核的方式，核对数据来源、数据处理过程与文本图表对应。并运用海洋创新指数评估软件进行数据处理过程与结果的核对。

报告文本第三稿完善。2019 年 7 月 9～20 日，根据数据第三轮复核结果和小范围征求意见情况，完善报告文本，形成征求意见第三稿。

小范围征求意见。2019 年 7 月 20～26 日，进行小范围内部征求意见。

报告文本第四稿完善。2019 年 7 月 26～31 日，根据小范围征求意见情况，完善报告文本，形成征求意见第四稿。

(三)报告评审与修改完善阶段

根据专家咨询意见修改。2019 年 7 月 5 日，召开专家咨询会议，向专家汇报并根据专家意见修改文本。

内审及报告文本第四稿修改。2019 年 7 月 5～20 日，中心组织进行内部审查，并根据意见修改文本。

管理部门审查。2019 年 8 月 6～14 日，报送中国科学技术发展战略研究院和科学技术部创新发展司审查，并根据意见修改文本。

计算过程复核。2019 年 8 月 2～14 日，组织测算组进行计算过程的认真复核，重点检查计算过程的公式、参数和结果的准确性，并根据复核结果进一步完善文本，结合各轮修改意见，形成征求意见第四稿。

顾问组审查。2019 年 8 月，组织顾问组审查，并根据审查意见修改文本。

编写组文本校对。2019 年 8 月，编写组成员按照章节对报告文本进行校对，根据各成员意见和建议修改完善文本。

出版社预审。2019 年 8 月，向科学出版社编辑部提交文本电子版进行预审。

五、意见与建议吸收情况

已征求意见 30 多人次。经汇总，收到意见和建议 200 多条。

根据反馈的意见和建议，共吸收意见和建议 140 多条。反馈意见和建议吸收率约为 70.3%。

更 新 说 明

一、优化了指标体系

1) 优化了"海洋创新资源"分指数中的指标，将"科技活动人员中高级职称所占比例"指标更新为"R&D 人员中博士人员占比"，加大了对海洋 R&D 基本情况的考查力度。

2) 优化了"海洋创新环境"分指数中的指标，将"海洋专业大专及以上应届毕业生人数"指标更新为"R&D 人员人均折合全时工作量"指标。

二、增减了部分章节和内容

1) 删减了《国家海洋创新指数报告 2017～2018》中的第五章"我国海洋科研机构空间分布特征与演化趋势"。

2) 新增了第五章"海洋全要素生产率测算研究"。

三、更新了国内和国际数据

1) 更新了国际涉海创新论文数据。原始数据更新至 2017 年，用于海洋创新产出成果部分的分析，以及国内外海洋创新论文方面的比较分析。

2) 更新了国际涉海专利数据。原始数据更新至 2017 年，用于海洋创新产出成果部分的分析，以及国内外海洋创新专利方面的比较分析。

3) 更新了国内数据。国家海洋创新评价指标所用原始数据更新至 2017 年，区域海洋创新指数评价指标更新为 2017 年数据。

4) 更新了数据来源。用科学技术部科技统计数据代替海洋统计年鉴中的部分数据，形成新的指标数据，重新测算的各指数与以往报告中的数据会有相应差异。